职业教育"十三五"改革创新规划教材

气动与液压传动

庞新民 尚川川 主 编
王士军 刘发英 蒲雪清 副主编

清华大学出版社
北 京

内 容 简 介

本书是中等职业教育"十三五"改革创新规划教材,依据教育部 2014 年颁布的《中等职业学校机电技术应用专业教学标准》中"气动与液压传动"课程的"主要教学内容和要求",并参照相关的国家职业技能标准编写而成。

本书主要内容包括液压传动系统的基本组成,液压系统基本回路,液压系统安装调试及故障排除,液压传动系统的典型实例,气压传动系统的基本组成,气压系统基本回路,气压系统安装调试及故障排除,气压传动系统的典型实例等。本书配套有电子教案、多媒体课件等教学资源,可免费获取。

本书可作为中等职业学校机电技术应用专业及相关专业学生的教材,也可作为岗位培训用书。

图书在版编目(CIP)数据

气动与液压传动/庞新民,尚川川主编. —北京:清华大学出版社,2017(2023.1 重印)
(职业教育"十三五"改革创新规划教材)
ISBN 978-7-302-43542-6

Ⅰ. ①气… Ⅱ. ①庞… ②尚… Ⅲ. ①气压传动-职业教育-教材 ②液压传动-职业教育-教材 Ⅳ. ①TH138 ②TH137

中国版本图书馆 CIP 数据核字(2016)第 080972 号

责任编辑:刘翰鹏
封面设计:张京京
责任校对:刘　静
责任印制:沈　露

出版发行:清华大学出版社
　　　　网　　　址:http://www.tup.com.cn,http://www.wqbook.com
　　　　地　　　址:北京清华大学学研大厦 A 座　　　　邮　　编:100084
　　　　社 总 机:010-83470000　　　　　　　　　　邮　　购:010-62786544
　　　　投稿与读者服务:010-62776969,c-service@tup.tsinghua.edu.cn
　　　　质量反馈:010-62772015,zhiliang@tup.tsinghua.edu.cn
　　　　课件下载:http://www.tup.com.cn,010-83470410
印 装 者:涿州市般润文化传播有限公司
经　　销:全国新华书店
开　　本:185mm×260mm　　印　张:11.25　　　　字　　数:257 千字
版　　次:2017 年 1 月第 1 版　　　　　　　　　　印　　次:2023 年 1 月第 5 次印刷
定　　价:29.00 元

产品编号:069662-01

前 言

本书是中等职业教育"十三五"改革创新规划教材,依据教育部 2014 年颁布的《中等职业学校机电技术应用专业教学标准》中"气动与液压传动"课程的"主要教学内容和要求",并参照相关的国家职业技能标准编写而成。通过本书的学习,可以使学生掌握必备的识读液压、气动系统图的能力和技巧,掌握气动与液压传动技术等。本书在编写过程中吸收企业技术人员参与教材编写,紧密结合工作岗位,与职业岗位对接;选取的案例贴近生活、贴近生产实际;将创新理念贯彻到内容选取、教材体例等方面。

本书在编写时努力贯彻教学改革的有关精神,严格依据新教学标准的要求,努力体现以下特色。

1. 立足职业教育,突出实用性和指导性

(1) 本书内容紧扣新标准要求,适应时代需要,突出现代职教特色,定位科学、合理、准确,力求降低理论知识点的难度;正确处理好知识、能力和素质三者之间的关系,保证学生全面发展,适应培养高素质劳动者需要;以就业为导向,既突出学生职业技能的培养,又保证学生掌握必备的基本理论知识,使学生达到既能有操作技能,又懂得液压气动的操作原理知识。切实做到用理论指导实践,用理论知识分析问题和解决实际问题。

(2) 本书内容立足体现为装备制造大类各专业培养目标服务,改变过去重理论轻实践、重知识轻技能的现象,紧密结合液压与气动技术的最新成果,突出了如工程机械、橡塑机械等机械产品中应用广泛的组合机床动力滑台液压系统、塑料注射成形机的液压系统、数控机床液压系统、汽车起重机液压系统、工件夹紧气压传动系统、气液动力滑台系统、气动机械手气压传动系统等实例,介绍液压气动系统的安装、调试、使用和维护方法;侧重对工程技术应用方面的培养,加强学生创新能力的培养并进一步提高学生独立从事液压、气动相关工作的能力。

(3) 本书内容通俗易懂、标准新、内容新、指导性强、趣味性强。在确定内容时,注意将过去教材内容"理论深、起点低、内容旧、应用少、学得死"的偏向,转变为"理论浅(适当浅些)、起点高、内容新、应用多、学得活",侧重能力培养的新要求。内容上重点包括液压与气压传动的概念,液压与气压传动元件的结构、工作原理及应用,液压与气压传动基本回路和典型系统的组成与分析等。在气压传动内容的选择上,既考虑到其内容的独立性和完整性,又考虑到与液压传动方面的共同点,力求使学生能够真正掌握液压与气压传动的主要知识。

2. 以学生为中心,创新编写体例

(1)以培养能力为主。教材应根据中职培养目标要求来建立新的理论教学体系和实战教学体系以及学生所应具备的相关能力培养体系,构建职业能力项目,通过学习液压系统、气压系统的故障诊断、使用维护和排除故障方面的内容,加强学生的基本实践能力与操作技能、专业技术应用能力与专业技能、综合实践能力与综合技能的培养。

(2)教材编写符合学生实际,把握科学性、应用性、时代性的原则。体现以学生为本的特点,充分考虑学生实际学习能力,在内容上重点讲述液压动力元件、液压执行元件、液压控制元件、液压辅助元件、气源装置、辅助元件及气动执行元件,气动控制元件及基本回路等知识点。去除高、精、尖和抽象的理论,尽可能使用简洁直观的插图,以发挥学生的表象思维能力,拓宽学生的知识面,培养学生的创新思维,提高学生分析和研究系统性能的能力。

(3)在教学内容上引导学生积极主动地交流与探讨,营造创新与探讨的开放式教学环境。项目后面增加知识达标与检测环节,检测学生对知识的综合掌握情况,加深学生对相关知识的理解和应用,符合学生的认识过程和学生的学习规律,从而达到对应的教学目标。

3. 重视学生个性发展需要,渗透探索创新创业精神

(1)体现以人为本,适应学生个性发展需要,介绍液压、气动领域成熟的新知识、新技术、新工艺和新材料,突出工学结合,注意培养学生的自学能力、分析能力、实践能力、综合应用能力和创新能力,让学生养成严谨细致的职业工作态度、适应工作岗位的需求。

(2)在项目学习和实践教学活动中注重职业道德教育、职业规范教育、安全生产教育及创新创业教育,提高学生的职业能力、职业素养,激发学生的创新创业精神。

本书建议学时为 64 学时,具体学时分配见下表所示。

项目	建议学时	项目	建议学时	项目	建议学时
项目 1	10	项目 4	8	项目 7	6
项目 2	6	项目 5	8	项目 8	10
项目 3	6	项目 6	10		
总　计			64		

本书由庞新民、尚川川担任主编,王士军、刘发英、蒲雪清担任副主编,韩建国、何应忠、李蕾等参与相关任务的编写。

本书在编写过程中参考了大量的文献资料,在此向文献资料的作者致以诚挚的谢意。由于编写时间及编者水平有限,书中难免有错误和不妥之处,恳请广大读者批评指正。了解更多教材信息,请关注微信号:Coibook。

编　者
2016 年 10 月

CONTENTS

目 录

项目 1

液压传动系统的基本组成

 知识目标

- 能够掌握液压传动系统的组成结构。
- 能够掌握液压执行元件结构及其性能特点。
- 能够熟悉液压使用条件、场合及功能特点。

技能目标

- 能够分析液压执行元件的分类、名称及使用要求。
- 能够掌握液压马达在实际生产生活中的应用。
- 能够进行液压控制阀常见故障的诊断及排除。
- 能够掌握液压其他辅助元件的作用,培养分析问题、解决问题的能力。

 职业素养

- 养成严谨细致、一丝不苟、实事求是的科学态度和探索精神。
- 增强安全操作意识,形成严谨认真的工作态度。

任务1 认识液压传动系统

导读:同学们,以上照片中显示的是什么?本节课我们就来学习一下。

一、液压千斤顶简介

在机修车间,液压千斤顶是修理工人经常使用的起重工具,它虽然体小身轻,却能顶起超过自身质量几百倍的重物。液压千斤顶形式多样,如图 1-1-1 所示是两种形式的液压千斤顶。如图 1-1-1(b)所示,工作时液压站为千斤顶提供液压油。

液压传动系统的结构,可以用一个液压千斤顶来说明。如图 1-1-2 所示,提起手柄 4,小活塞 2 上升,小液压缸 3 下腔的容积增大,形成局部真空状态,油箱 9 内的油液在大气压力的作用下,顶开吸油单向阀 1 的钢球,进入并充满小液压缸的下腔,完成吸油动作。压下手柄 4,小活塞 2 下移,压力油使吸油单向阀 1 关闭,油液不能通过此吸油单向阀流回油箱。但此时压力油却可以推开压油单向阀 7 中的钢球,小液压缸下腔的压力油经压

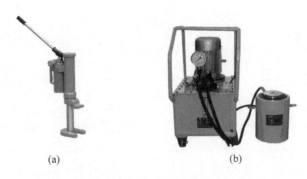

图 1-1-1　液压千斤顶

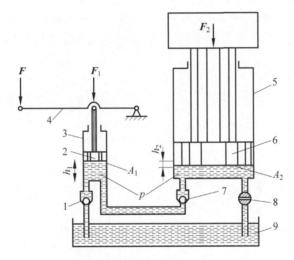

图 1-1-2　液压千斤顶结构

1—吸油单向阀；2—小活塞；3—小液压缸；4—手柄；5—大液压缸；
6—大活塞；7—压油单向阀；8—放油阀；9—油箱

油单向阀 7 进入大液压缸 5 的下腔，并托起大活塞 6，将大活塞上的重物顶起一段距离。反复提压手柄 4，就可以使重物不断上升，从而达到起重的目的。当重物需要下降时，只需转动放油阀 8，使大液压缸的下腔与油箱连通，在重物的作用下，大活塞 6 向下移动，大液压缸中的油液流回油箱。

二、液压系统的组成

通过对液压千斤顶结构的认识，我们来进一步了解液压系统的组成。如图 1-1-3 所示是液压系统的组成示意图，由动力部分、执行部分、控制部分、辅助部分组成，有的液压系统还有驱动装置，以传递能量的液体作为传动介质，最常用的传动介质是液压油。

1. 动力元件

动力元件是将原动机（电动机或内燃机）输入的机械能转换成为油液压力能的装置，用来为液压系统提供一定流量和压力的油液，它是液压系统的动力源。如液压千斤顶中的小液压缸、小活塞。

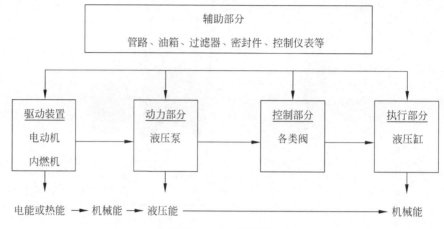

图 1-1-3 液压系统的组成

2. 执行元件

执行元件是将油液的压力能转换成机械能的装置,用于驱动工作部件,克服外负载。如液压千斤顶中的大液压缸、大活塞。

3. 控制元件

控制元件是控制与调节液压系统中油液的流量、压力和流动方向的装置。如液压千斤顶中的吸、压油单向阀及放油阀。

4. 辅助元件

辅助元件是保证液压系统正常工作所必需的装置。如液压千斤顶中的油箱、管路、密封件等。

5. 工作介质

工作介质即传动液体,通常称为液压油。绝大多数液压油采用矿物油,系统用它来传递能量或信息。

三、液压传动系统的优点

液压传动之所以得到如此迅速的发展和广泛的应用,是由于它具有许多优点。

(1)单位功率的重量轻、结构尺寸小,飞机上的操舵装置、起落架、发动机的自动调节系统、自动驾驶仪、导弹的发射与控制系统均采用液压传动。

(2)工作比较平稳,换向冲击小,反应快。由于重量轻、惯性小、反应快,易于实现快速启动、制动和频繁地换向。

(3)能在大范围内实现无级调速(调速范围可达 2000∶1),而且调速性能好。

(4)操纵、控制调节比较方便、省力,便于实现自动化,尤其和电器控制结合起来,能实现复杂的顺序动作和远程控制。

(5)液压装置易于实现过载保护,而且工作油液能使零件实现自润滑,故使用寿命较长。

（6）液压元件已实现标准化、系列化和通用化，有利于缩短机器的设计、制造周期和降低制造成本，便于选用，液压元件的布置也较为方便。

四、液压传动系统的缺点

（1）油的泄漏和液体的可压缩性会影响执行元件运动的准确性，无法保证严格的传动比。

（2）液压传动对油温变化比较敏感，它的工作稳定性很容易受到温度的影响，因此不宜在很高或很低的温度条件下工作，工作温度在−150～650℃范围内较合适。

（3）能量损失较大（摩擦损失、泄漏损失、节流和溢流损失等），故传动效率不高，不宜做远距离传动。

（4）液压元件制造精度要求较高，因此它的造价较高，使用维护要求比较严格。

（5）液压系统出现故障时不易查找故障原因。

任务2　认识液压动力元件

导读：同学们，以上照片中显示的是什么？本节课我们就来学习一下。

液压动力元件起着向系统提供动力的作用，是系统不可缺少的核心元件。液压系统中以液压泵作为动力元件，液压泵将原动机（电动机或内燃机）输出的机械能转换为工作液体的压力能，是一种能量转换装置。

一、液压泵

液压泵是液压传动系统中的能量转换元件，液压泵由原动机驱动，把输入的机械能转换为油液的压力能，再以压力、流量的形式输入系统中去，它是液压传动的心脏，也是液压系统的动力源。在液压系统中，液压泵是容积式的，依靠容积变化进行工作。

1. 液压泵的结构

液压泵都是依靠密封容积变化的原理来进行工作的，故一般称为容积式液压泵，如

图 1-2-1 所示的是一个单柱塞液压泵的结构图,图中柱塞 2 装在缸体 3 中形成一个密封容积 a,柱塞在弹簧 4 的作用下始终压紧在偏心轮 1 上。原动机驱动偏心轮 1 旋转使柱塞 2 做往复运动,使密封容积 a 的大小发生周期性的交替变化。当 a 由小变大时就形成部分真空,使油箱中油液在大气压作用下,经吸油管顶开单向阀 6 进入油箱 a 而实现吸油;反之,当 a 由大变小时,a 腔中吸满的油液将顶开单向阀 5 流入系统而实现压油。这样,液压泵就将原动机输入的机械能转换成液体的压力能,原动机驱动偏心轮不断旋转,液压泵就不断地吸油和压油。

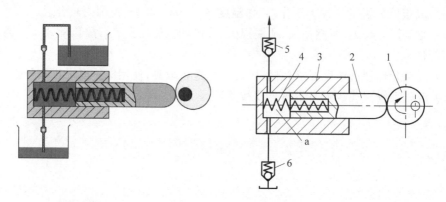

图 1-2-1　液压泵结构

1—偏心轮;2—柱塞;3—缸体;4—弹簧;5、6—单向阀

2. 液压泵的特点

(1)具有若干个密封且又可以周期性变化的空间。

(2)油箱内液体的绝对压力必须恒等于或大于大气压力。

(3)具有相应的配流机构,将吸油腔和排液腔隔开,保证液压泵有规律、连续地吸、排液体。

3. 液压泵的主要性能参数

(1)压力

液压泵实际工作时的输出压力称为工作压力。工作压力的大小取决于外负载的大小和排油管路上的压力损失,而与液压泵的流量无关。液压泵在正常工作条件下,按实验标准规定连续运转的最高压力称为液压泵的额定压力。

(2)排量和流量

液压泵每转一周,由其密封容积几何尺寸变化计算而得的排出液体的体积称为液压泵的排量;理论流量是指在不考虑液压泵泄漏流量的情况下,在单位时间内排出的液体体积的平均值。液压泵在某一具体工况下,单位时间内排出的液体体积称为实际流量,它等于理论流量减去泄漏流量。

(3)功率

液压泵输入的为机械能,表现为转矩和转速;其输出为压力能,表现为压力和流量。用液压泵输出的压力能驱使液压缸克服负载运动。

（4）液压泵的功率损失

容积损失是指液压泵流量上的损失，液压泵的实际输出流量总是小于其理论流量，其主要原因是由于液压泵内部高压腔的泄漏、油液的压缩、在吸油过程中由于吸油阻力太大、油液黏度大以及液压泵转速高等原因而导致油液不能全部充满密封工作腔。机械损失是指液压泵在转矩上的损失。液压泵的实际输入转矩总是大于理论上所需要的转矩，其主要原因是由于液压泵体内相对运动部件之间因机械摩擦而引起的摩擦转矩损失以及液体的黏性而引起的摩擦损失。

（5）液压泵的总效率

液压泵总效率是指液压泵的实际输出功率与其输入功率的比值。

二、齿轮泵

齿轮泵是液压系统中广泛采用的一种液压泵，其主要优点是结构简单，制造方便，价格低廉，体积小，重量轻，自吸性能好，对油液污染不敏感，工作可靠。其主要缺点是流量和压力脉动大，噪声大，排量不可调。它一般做成定量泵，按结构不同，齿轮泵分为外啮合型齿轮泵和内啮合型齿轮泵，而以外啮合型齿轮泵应用最广。

1. 齿轮泵的结构

齿轮泵的结构如图 1-2-2 所示，它是分离三片式结构，泵体内装有一对齿数相同、宽度和泵体接近而又互相啮合的齿轮，这对齿轮与两端盖和泵体形成一个密封腔，并由齿轮的齿顶和啮合线把密封腔划分为两部分，即吸油腔和压油腔。两个齿轮分别用键固定在由轴承支承的主动轴和从动轴上，主动轴由电动机带动旋转。

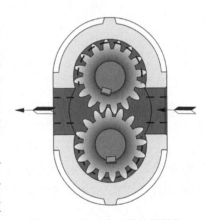

图 1-2-2 外啮合型齿轮泵结构

当泵的主动齿轮按图示箭头方向旋转时，齿轮泵右侧（吸油腔）齿轮脱开啮合，齿轮的轮齿退出齿间，使密封容积增大，形成局部真空，油箱中的油液在外界大气压的作用下，经吸油管路、吸油腔进入齿间。随着齿轮的旋转，吸入齿间的油液被带到另一侧，进入压油腔。这时轮齿进入啮合，使密封容积逐渐减小，齿轮间部分的油液被挤出，形成了齿轮泵的压油过程，齿轮啮合时齿向接触线把吸油腔和压油腔分开，起配油作用。当齿轮泵的主动齿轮由电动机带动不断旋转时，轮齿脱开啮合的一侧，由于密封容积变大则不断从油箱中吸油，轮齿进入啮合的一侧，由于密封容积减小而不断地排油。

2. 高压齿轮泵的特点

上述齿轮泵由于泄漏大且存在径向不平衡力，故压力不易提高。高压齿轮泵主要是针对上述问题采取了一些措施，如尽量减小径向不平衡力和提高轴与轴承的刚度；对泄漏量最大处的端面间隙，采用了自动补偿装置等。下面对端面间隙的补偿装置作简单介绍。

（1）浮动轴套式。如图 1-2-3(a)所示为浮动轴套式的间隙补偿装置。它利用泵的出口压力油,引入齿轮轴上的浮动轴套 1 的外侧 A 腔,在液体压力作用下,使轴套紧贴于齿轮 3 的侧面,因而可以消除间隙并可补偿齿轮侧面和轴套间的磨损量。在泵启动时,靠弹簧来产生预紧力,保证了轴向间隙的密封。

（2）浮动侧板式。如图 1-2-3(b)所示为浮动侧板式的间隙补偿装置。它的结构与浮动轴套式基本相似,也是利用泵的出口压力油引到浮动侧板 1 的背面,使之紧贴于齿轮 2 的端面来补偿间隙。启动时,浮动侧板靠密封圈来产生预紧力。

（3）挠性侧板式。如图 1-2-3(c)所示为挠性侧板式的间隙补偿装置。它是利用泵的出口压力油引到侧板的背面,靠侧板自身的变形来补偿端面间隙,侧板的厚度较薄,内侧面要耐磨,这种结构采取一定措施后,使侧板外侧面的压力分布大体上和齿轮侧面压力分布相适应。

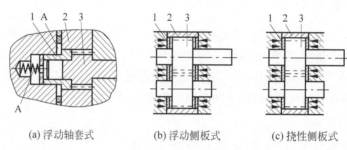

(a) 浮动轴套式　　　　(b) 浮动侧板式　　　　(c) 挠性侧板式

图 1-2-3　端面间隙补偿装置

1—浮动轴套；2、3—齿轮

3. 内啮合齿轮泵

内啮合齿轮泵也是利用齿间密封容积的变化来实现吸油压油的,由配油盘(前、后盖)、外转子(从动轮)和偏心安置在泵体内的内转子(主动轮)等组成。内、外转子相差一齿,图 1-2-4 中内转子为六齿,外转子为七齿,由于内外转子是多齿啮合,这就形成了若干密封容积。当内转子围绕中心 O_1 旋转时,带动外转子绕外转子中心 O_2 作同向旋转。这时,由内转子齿顶 A_1 和外转子齿谷 A_2 间形成的密封容积 c,随着转子的转动密封容积逐渐扩大,于是就形成局部真空,油液从配油窗口 b 被吸入密封腔。当转子继续旋转时,充满油液的密封容积便逐渐减小,油液受挤压,于是通过另一配油窗口 a 将油排出,直到内转子的另一齿全部和外转子的齿凹 A_2 全部啮合时,压油完毕。内转子每转一周,由内转子齿顶和外转子齿谷所构成的每个密封容积,完成吸、压油各一次,当内转子连续转动时,即完成了液压泵的吸排油工作。如图 1-2-4 所示是内啮合齿轮泵的结构图。

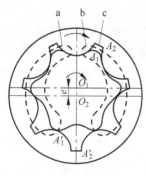

图 1-2-4　内啮合齿轮泵结构

内啮合齿轮泵有许多优点,如结构紧凑,体积小,零件少,转速可高达 10 000r/mim,运动平稳,噪声低,容积效率较高等。缺点是流量脉动大,转子的制造工艺复杂等,目前已采用粉末冶金压制成形。随着工业技术的发展,摆线齿轮泵的应用将会越来越广泛,内啮合齿轮泵可正、反转,可作液压马达用。

三、叶片泵

叶片泵的结构较齿轮泵复杂,但其工作压力较高,且流量脉动小,工作平稳,噪声较小,使用寿命较长,被广泛应用于机械制造中的专用机床、自动线等中低液压系统,但其结构复杂,吸油特性不太好,对油液的污染也比较敏感。

根据各密封工作容积在转子旋转一周吸、排油液次数的不同,叶片泵分为两类,即完成一次吸、排油液的单作用叶片泵和完成两次吸、排油液的双作用叶片泵。

1. 单作用叶片泵

（1）单作用叶片泵的结构

单作用叶片泵的结构如图 1-2-5 所示,单作用叶片泵由转子1、定子2、叶片3和端盖等组成。定子内表面近似圆柱形,定子和转子间有偏心距。叶片装在转子槽中,并可在槽内滑动,当转子回转时,由于离心力的作用,使叶片紧靠在定子内壁,这样在定子、转子、叶片和两侧配油盘间就形成若干个密封的工作空间。当转子按图 1-2-5 所示的方向回转时,在图的右部,叶片逐渐伸出,叶片间的工作空间逐渐增大,从吸油口吸油,这是吸油腔。在图的左部,叶片被定子内壁逐渐压进槽内,工作空间逐渐缩小,将油液从压油口压出,这是压油腔。在吸油腔和压油腔之间有一段封油区,把吸油腔和压油腔隔开,这种叶片泵转子每转一周,每个工作空间完成一次吸油和压油,因此称为单作用叶片泵。转子不停地旋转,泵就不断地吸油和排油。

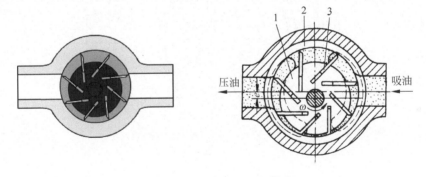

图 1-2-5　单作用叶片泵的结构

1—转子；2—定子；3—叶片

（2）单作用叶片泵的结构特点

① 改变定子和转子之间的偏心便可改变流量。偏心反向时,吸油压油方向也相反。

② 处在压油腔的叶片顶部受到压力油的作用,该作用要把叶片推入转子槽内。为了使叶片顶部可靠地和定子内表面相接触,压油腔一侧的叶片底部要通过特殊的沟槽和压油腔相通。吸油腔一侧的叶片底部要和吸油腔相通,这里的叶片仅靠离心力的作用顶在定子内表面上。

③ 由于转子受到不平衡的径向液压作用力,所以这种泵一般不宜在高压状态下使用。

④ 为了更有利于叶片在惯性力作用下向外伸出,而使叶片有一个与旋转方向相反的倾斜角,称为后倾角,一般为 $24°$。

2. 双作用叶片泵

（1）双作用叶片泵的结构

双作用叶片泵的结构如图 1-2-6 所示，也是由定子 1、转子 2、叶片 3 和配油盘等组成。转子和定子中心重合，定子内表面近似椭圆柱形，该椭圆形由两段长半径 R、两段短半径 r 和四段过渡曲线组成。当转子转动时，叶片在离心力和（建压后）根部压力油的作用下，在转子槽内作径向移动而压向定子内表面，由叶片、定子的内表面、转子的外表面和两侧配油盘间形成若干个密封空间。当转子按图 1-2-6 所示方向旋转时，处在小圆弧上的密封空间经过渡曲线而运动到大圆弧的过程中，叶片外伸，密封空间的容积增大，要吸入油液；在从大圆弧经过渡曲线运动到小圆弧的过程中，叶片被定子内壁逐渐压进槽内，密封空间容积变小，将油液从压油口压出。因而，转子每转一周，每个工作空间要完成两次吸油和压油，所以称为双作用叶片泵。这种叶片泵由于有两个吸油腔和两个压油腔，并且各自的中心夹角是对称的，所以作用在转子上的油液压力相互平衡，因此双作用叶片泵又称为卸荷式叶片泵。为了使径向力完全平衡，密封空间数（即叶片数）应当是偶数。

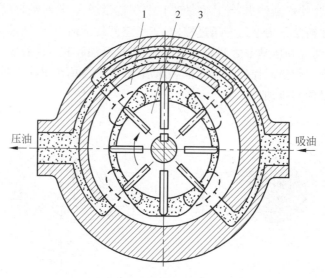

图 1-2-6　双作用叶片泵的结构
1—定子；2—转子；3—叶片

（2）双作用叶片泵的结构特点

① 配油盘

双作用叶片泵的配油盘如图 1-2-7 所示，在盘上有两个吸油窗口 2、4 和两个压油窗口 1、3，窗口之间为封油区，通常应使封油区对应的中心角稍大于或等于两个叶片之间的夹角，否则会使吸油腔和压油腔连通，造成泄漏，当两个叶片间密封油液从吸油区过渡到封油区（长半径圆弧处）时，其压力基本上与吸油压力相同，但当转子再继续旋转一个微小角度时，该密封腔突然与压油腔相通，使其中油液压力突然升高，油液的体积突然收缩，压油腔中的油倒流进该腔，使液压泵的瞬时流量突然减小，引起液压泵的流量脉动、压力脉动和噪声，为此在配油盘的压油窗口靠叶片从封油区进入压油区的一边有一个截面形状为三角形的三角槽(又称眉毛槽),使两叶片之间的封闭油液在未进入压油区之前就通过该三角槽与压力油相连,其压力逐渐上升,因而减缓了流量和压力脉动,并降低了噪声。环形槽 c 与压油腔相通并与转子叶片槽底部相通,使叶片的底部作用有压力油。

  ② 叶片的倾角

  叶片在工作过程中,受离心力和叶片根部压力油的作用,使叶片和定子紧密接触。当叶片转至压油区时,定子内表面迫使叶片推向转子中心,它的工作情况和凸轮相似,叶片与定子内表面接触处有一个压力角为 β,大小是变化的,其变化规律与叶片径向速度变化规律相同,即从零逐渐增加到最大,又从最大逐渐减小到零,因而在双作用叶片泵中,将叶片顺着转子回转方向前倾一个 θ 角,使压力角减小到 β',这样就可以减小侧向力,使叶片在槽中移动灵活,并可减少磨损。

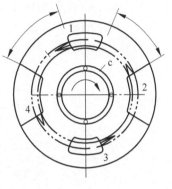

图 1-2-7　配油盘

  (3)提高双作用叶片泵压力的措施

  由于一般双作用叶片泵的叶片底部通压力油,就使得处于吸油区的叶片顶部和底部的液压作用力不平衡,叶片顶部以很大的压紧力抵在定子吸油区的内表面上,使磨损加剧,影响叶片泵的使用寿命,尤其是工作压力较高时,磨损更严重,因此吸油区叶片两端压力不平衡,限制了双作用叶片泵工作压力的提高。所以在高压叶片泵的结构上必须采取措施,使叶片压向定子的作用力减小。常采用的措施有:

  ① 减小作用在叶片底部的油液压力。

  ② 减小叶片底部承受压力油作用的面积。

  ③ 使叶片顶端和底部的液压作用力平衡。

四、柱塞泵

  柱塞泵是靠柱塞在缸体中做往复运动使得密封容积产生变化来实现吸油与压油的液压泵。与齿轮泵和叶片泵相比,这种泵有许多优点:第一,构成密封容积的零件为圆柱形的柱塞和缸孔,加工方便,可得到较高的配合精度,密封性能好,在高压下工作仍有较高的容积效率;第二,只需改变柱塞的工作行程就能改变流量,易于实现变量;第三,柱塞泵中的主要零件均受压应力作用,材料强度性能可得到充分利用。

  由于柱塞泵压力高,结构紧凑,效率高,流量调节方便,故在需要高压、大流量、大功率的系统中和流量需要调节的场合,如龙门刨床、拉床、液压机、工程机械、矿山冶金机械、船舶上得到广泛的应用。由于柱塞泵按柱塞的排列和运动方向不同,可分为径向柱塞泵和轴向柱塞泵两大类。

1. 径向柱塞泵

  径向柱塞泵的结构如图 1-2-8 所示,柱塞 1 径向排列装在缸体 2 中,缸体由原动机带动连同柱塞 1 一起旋转。缸体 2 一般称为转子,柱塞 1 在离心力的(或在低压油)作用下抵紧定子 4 的内壁,当转子按图示方向回转时,由于定子和转子之间有偏心距 e,柱塞绕经上半周时向外伸出,柱塞底部的容积逐渐增大,形成部分真空,因此便经过衬套 3(压紧在转子内,并和转子一起回转)上的油孔从配油孔 5 和吸油口 b 吸油;当柱塞转到下半周时,定子内壁将柱塞向里推,柱塞底部的容积逐渐减小,向配油轴的压油口 c 压油。当转子回转一周时,每个柱塞底部的密封容积完成一次吸压油,转子连续运转,即完成压吸油工作。配油轴固定不动,油液从配油轴上半部的两个孔 a 流入,从下半部两个油孔 d 压出。为了进行配油,配油轴在和衬套 3 接触的一段加工出上下两个缺口,形成吸油口 b 和压油口 c,留下的部分形成封油区。封油区的宽度应能封住衬套上的吸压油孔,以防吸油口和压油口相连通,但尺寸也不能太大,以免产生困油现象。

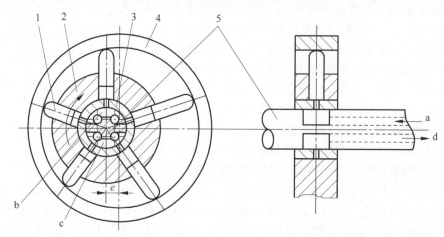

图 1-2-8　径向柱塞泵的结构

1—柱塞;2—缸体;3—衬套;4—定子;5—配油孔;

a、d—油孔;b—吸油;c—压油口;e—偏心距

2. 轴向柱塞泵

（1）轴向柱塞泵的结构

轴向柱塞泵是将多个柱塞配置在一个共同缸体的圆周上,并使柱塞中心线和缸体中心线平行的一种液压泵。轴向柱塞泵有两种形式,直轴式(斜盘式)和斜轴式(摆缸式),如图 1-2-9 所示为直轴式轴向柱塞泵的结构,这种泵主体由缸体 1、配油盘 2、柱塞 3 和斜盘

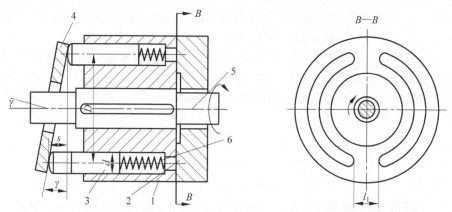

图 1-2-9　直轴式轴向柱塞泵的结构

1—缸体;2—配油盘;3—柱塞;4—斜盘;5—轴;6—弹簧

4组成,柱塞沿圆周均匀分布在缸体内。斜盘轴线与缸体轴线倾斜一定角度,柱塞靠机械装置或在低压油作用下压紧在斜盘上(图中为弹簧),配油盘2和斜盘4固定不转,当原动机通过传动轴使缸体转动时,由于斜盘的作用,迫使柱塞在缸体内做往复运动,并通过配油盘的配油窗口进行吸油和压油。如图1-2-9中所示的回转方向,当缸体转角为π～2π,柱塞向外伸出,柱塞底部缸孔的密封工作容积增大,通过配油盘的吸油窗口吸油;在0～π范围内,柱塞被斜盘推入缸体,使缸孔容积减小,通过配油盘的压油窗口压油。缸体每转一周,每个柱塞各完成吸、压油一次,如改变斜盘倾角,就能改变柱塞行程,即改变液压泵的排量,改变斜盘倾角方向,就能改变吸油和压油的方向,即成为双向变量泵。

（2）轴向柱塞泵的优点

结构紧凑、径向尺寸小,惯性小,容积效率高,目前最高压力可达40.0MPa,甚至更高,一般用于工程机械、压力机等高压系统中,但其轴向尺寸较大,轴向作用力也较大,结构比较复杂。

任务3　认识液压执行元件

导读:同学们,以上照片中显示的是什么? 本节课我们就来学习一下。

一、液压缸

液压缸又称为油缸,它是液压系统中的一种执行元件,其功能是将液压能转变成直线往复式的机械运动。液压缸的种类很多,其种类及特点见表1-3-1。

表 1-3-1　常见液压缸的种类及特点

分　类	名　称	符　号	说　明
单作用液压缸	柱塞式液压缸	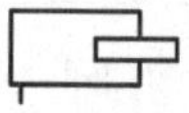	柱塞仅单向运动，返回行程是利用自重或负荷将柱塞推回
	单活塞杆液压缸	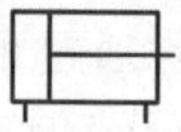	活塞仅单向运动，返回行程是利用自重或负荷将活塞推回
	双活塞杆液压缸	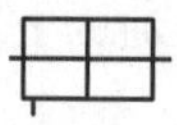	它以短缸获得长行程。用液压油由大到小逐节推出，靠外力由小到大逐节缩回
	伸缩液压缸	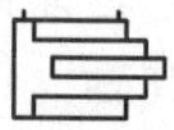	双向液压驱动，伸出由大到小逐步推出，由小到大逐节缩回
双作用液压缸	单活塞杆液压缸	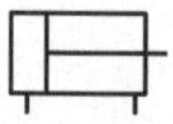	单边有杆，两向液压驱动，由弹簧力驱动
	双活塞杆液压缸	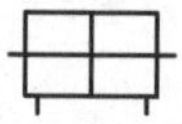	用于杠的直径受限制，而长度不受限制处获得大的推力
	伸缩液压缸	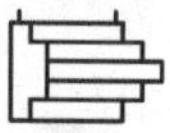	双向液压驱动，伸出由大到小推出，由小到大逐节缩回
组合液压缸	弹簧复位液压缸	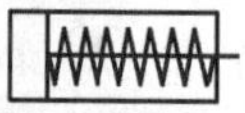	单向液压驱动，由弹簧力复位
	串联液压缸	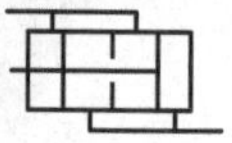	用于杠的直径受限制，而长度不受限制处获得大的推力
	增压缸（增压器）	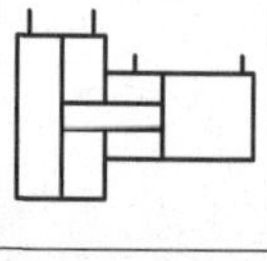	由低压力室 A 缸驱动，使 B 室获得高压油源
	齿条传动液压缸	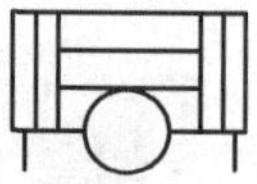	活塞往复运动，经装在一起的齿条驱动齿轮获得往复回转运动
摆动液压缸			输出轴直接输出扭矩，其往复回转的角度小于360°，也称摆动马达

下面分别介绍几种常用的液压缸。

1. 活塞式液压缸

活塞式液压缸根据其使用要求不同可分为双杆式和单杆式两种。

（1）双杆式活塞缸

活塞两端都有一根直径相等的活塞杆伸出的液压缸称为双杆式活塞缸，它一般由缸体、缸盖、活塞、活塞杆和密封件等构成。根据安装方式不同可分为缸筒固定式和活塞杆固定式两种。如图 1-3-1(a)所示为缸筒固定式的,它的进、出口设置在缸筒两端,通过活塞杆带动工作台移动,一般适用于小型机床。当工作台行程要求较长时,可采用如图 1-3-1(b)所示活塞杆固定式,这时,缸体与工作台相连,活塞杆通过支架固定在机床上,动力由缸体传出。在这种安装形式中,工作台的移动范围等于液压缸有效行程 l 的两倍,因此占地面积小。进、出油口可以设置在固定不动的空心活塞杆的两端,但必须使用软管连接。

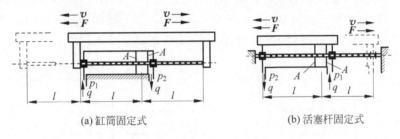

(a) 缸筒固定式　　　　　　　　　　(b) 活塞杆固定式

图 1-3-1　双杆式活塞缸

（2）单杆式活塞缸

如图 1-3-2 所示,活塞只有一端带活塞杆,单杆液压缸也有缸体固定和活塞杆固定两种形式,但它们的工作台移动范围都是活塞有效行程的两倍。

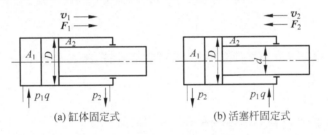

(a) 缸体固定式　　　　　　　　　　(b) 活塞杆固定式

图 1-3-2　单杆式活塞缸

2. 柱塞式液压缸

如图 1-3-3(a)所示为单向柱塞式液压缸,它只能实现一个方向的液压传动,反向运动要靠外力。若需要实现双向运动,则必须成对使用。如图 1-3-3(b)所示,这种液压缸中的柱塞和缸筒不接触,运动时由缸盖上的导向套来导向,因此缸筒的内壁无须精加工,它特别适用于行程较长的场合。

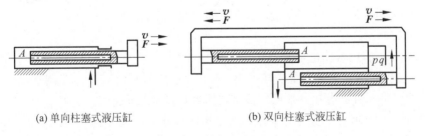

(a) 单向柱塞式液压缸　　　　　　　(b) 双向柱塞式液压缸

图 1-3-3　柱塞式液压缸

3. 增压液压缸

增压液压缸又称增压器,它利用活塞和柱塞有效面积的不同使液压系统中的局部区域获得高压。它有单作用和双作用两种形式,单作用增压缸的结构如图 1-3-4(a)所示,当输入活塞缸的液体压力为 p_1,活塞直径为 D,柱塞直径为 d 时,柱塞缸中输出的液体压力为高压。增压能力是在降低有效能量的基础上得到的,也就是说,增压缸仅仅是增大输出的压力,并不能增大输出的能量。单作用增压缸在柱塞运动到终点时,不能再输出高压液体,需要将活塞退回到左端位置,再向右行时才又输出高压液体,为了克服这一缺点,可采用双作用增压缸,如图 1-3-4(b)所示,由两个高压端连续向系统供油。

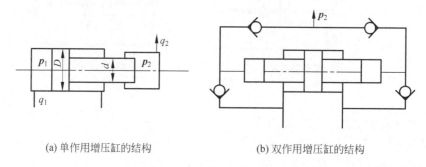

(a) 单作用增压缸的结构   (b) 双作用增压缸的结构

图 1-3-4   增压缸的结构

4. 液压缸的组成

液压缸的结构可以分为缸筒和缸盖、活塞和活塞杆、密封装置、缓冲装置和排气装置五个部分,分述如下。

(1) 缸筒和缸盖

一般来说,缸筒和缸盖的结构形式和其使用的材料有关,如图 1-3-7 所示为缸筒和缸盖的常见结构形式。图 1-3-5(a)所示为法兰连接式,结构简单,容易加工,也容易装拆,但外形尺寸和重量都较大,常用于铸铁制的缸筒上。图 1-3-5(b)所示为半环连接式,它的缸筒壁部因开了环形槽而削弱了强度,为此有时要加厚缸壁。它容易加工和装拆,重量较轻,常用于无缝钢管或锻钢制的缸筒上。图 1-3-5(c)所示为螺纹连接式,它的缸筒端部结构复杂,外径加工时要求保证内外径同心,装拆要使用专用工具,它的外形尺寸和重量都较小,常用于无缝钢管或铸钢制的缸筒上。图 1-3-5(d)所示为拉杆连接式,结构的通用性大,容易加工和装拆,但外形尺寸较大,且重量较大。图 1-3-5(e)所示为焊接连接式,结构简单,尺寸小,但缸底处内径不易加工,且可能引起变形。

(2) 活塞和活塞杆

可以把短行程的液压缸的活塞杆与活塞做成一体,这是最简单的形式。但当行程较长时,这种整体式活塞组件的加工较费事,所以常把活塞与活塞杆分开制造,然后再连接成一体。图 1-3-6 所示为几种常见的活塞与活塞杆的连接形式。

图 1-3-6(a)所示为活塞与活塞杆之间采用螺母连接,它适用负载较小,受力无冲击的液压缸中。螺纹连接虽然结构简单,安装方便可靠,但在活塞杆上车螺纹将削弱其强度。图 1-3-6(b)、(c)所示为卡环式连接方式。图 1-3-6(b)中活塞杆 3 上开有一个环形槽,槽

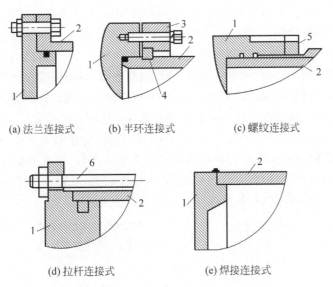

(a) 法兰连接式　　(b) 半环连接式　　(c) 螺纹连接式

(d) 拉杆连接式　　　　(e) 焊接连接式

图 1-3-5　缸筒和缸盖结构

1—缸盖；2—缸筒；3—压板；4—半环；5—防松螺帽；6—拉杆

内装有两个半环 6 以夹紧活塞 1，半环 3 由轴套 5 套住，而轴套 5 的轴向位置用弹簧卡圈 4 来固定。图 1-3-6(c) 中的活塞杆使用了两个半环 6，它们分别由两个密封圈座 7 套住，半圆形的活塞 1 安放在密封圈座的中间。图 1-3-6(d) 所示是一种径向销式连接结构，用锥销 8 把活塞 1 固连在活塞杆 3 上，这种连接方式特别适用于双出杆式活塞。

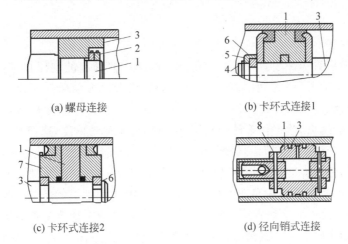

(a) 螺母连接　　　　　　　(b) 卡环式连接1

(c) 卡环式连接2　　　　　　(d) 径向销式连接

图 1-3-6　常见的活塞组件结构形式

1—活塞；2—螺母；3—活塞杆；4—弹簧卡圈；5—轴套；6—半环；7—密封圈座；8—锥销

（3）密封装置

对于活塞杆外伸部分来说，由于它很容易把脏物带入液压缸，使油液受污染，使密封件磨损，因此常需在活塞杆密封处增添防尘圈，并放在向着活塞杆外伸的一端。液压缸中常见的密封装置如图 1-3-7 所示。如图 1-3-7(a) 所示为间隙密封，它依靠运动间的微小间隙来防止泄漏。为了提高这种装置的密封能力,常在活塞的表面上制出几条细小的环形槽,以增大油液通过间隙时的阻力。它的结构简单,摩擦阻力小,可耐高温,但泄漏大,加工要求高,磨损后无法恢复原有密封能力,只有在尺寸较小、压力较低、相对运动速度较高的缸筒和活塞间使用。如图 1-3-7(b)所示为摩擦环密封,它依靠套在活塞上的摩擦环(由尼龙或其他高分子材料制成)在弹力作用下贴紧缸壁防止泄漏。这种方式效果较好,摩擦阻力较小且稳定,可耐高温,磨损后有自动补偿能力,但加工要求高,装拆较不便,适用于缸筒和活塞之间的密封。如图 1-3-7(c)、图 1-3-7(d)所示为密封圈(O 形圈、V 形圈等)密封,它利用橡胶或塑料的弹性使各种截面的环形圈紧贴在静、动配合面之间来防止泄漏。它结构简单,制造方便,磨损后有自动补偿能力,性能可靠,在缸筒和活塞之间、缸盖和活塞杆之间、活塞和活塞杆之间、缸筒和缸盖之间都能使用。

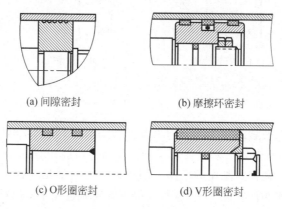

(a) 间隙密封　　　　　　　　(b) 摩擦环密封

(c) O 形圈密封　　　　　　　(d) V 形圈密封

图 1-3-7　密封装置

（4）缓冲装置

液压缸一般设置缓冲装置,特别是对大型、高速或要求高的液压缸,为了防止活塞在行程终点时和缸盖相互撞击,引起噪声、冲击,必须设置缓冲装置。缓冲装置利用活塞或缸筒在其走向行程终端时封住活塞和缸盖之间的部分油液,使油液从小孔或细缝中被挤出,以产生很大的阻力,使工作部件受到制动,逐渐减慢运动速度,达到避免活塞和缸盖相互撞击的目的。如图 1-3-8 所示,当缓冲柱塞进入与其相配的缸盖上的内孔时,孔中的液压油只能通过间隙 δ 排出,使活塞速度降低。由于配合间隙不变,故随着活塞运动速度的降低,起缓冲作用。当缓冲柱塞进入配合孔之后,油腔中的油只能经节流阀 1 排出。由于节流阀 1 是可调节的,因此缓冲作用也可调节,但仍不能解决速度降低后缓冲作用减弱的问题。当在缓冲柱塞上开有三角槽,随着柱塞逐渐进入配合孔中,其节流面积越来越小,解决了在行程最后阶段缓冲作用过弱的问题。

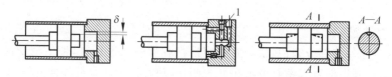

图 1-3-8　液压缸的缓冲装置

1—节流阀

（5）排气装置

液压缸在安装过程中或长时间停放重新工作时,缸内和管道系统中会钻入空气,为了防止执行元件出现松动、噪声和发热等不正常现象,需把缸中和系统中的空气排出。可在液压缸的最高处设置进出油口把气带走,也可在最高处设置如图 1-3-9(a)所示的放气孔或专门的放气阀,如图 1-3-9(b)所示。

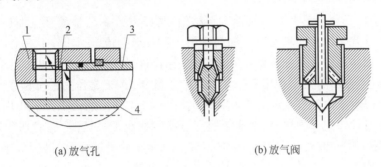

(a) 放气孔　　　　　　　　　(b) 放气阀

图 1-3-9　放气装置

1—缸盖；2—放气小孔；3—缸体；4—活塞杆

二、液压马达

1. 液压马达的特点及分类

液压马达是把液体的压力能转换为机械能的装置。从原理上讲,液压泵可以作液压马达用,液压马达也可作液压泵用。但事实上同类型的液压泵和液压马达虽然在结构上相似,但由于两者的工作情况不同,使得两者在结构上也有某些差异。

（1）液压马达一般需要正反转,所以在内部结构上应具有对称性,而液压泵一般是单方向旋转的,没有这一要求。

（2）为了减小吸油阻力,减小径向力,一般液压泵的吸油口比出油口的尺寸大。而液压马达低压腔的压力稍高于大气压力,所以没有这一要求。

（3）液压马达要求能在很大的转速范围内正常工作,因此,应采用液动轴承或静压轴承。因为当马达速度很低时,若采用动压轴承,就不易形成润滑膜。

（4）叶片泵依靠叶片跟转子一起高速旋转而产生的离心力使叶片始终紧贴定子的内表面,起封油作用,形成工作容积。若将其当马达用,必须在液压马达的叶片根部装上弹簧,以保证叶片始终紧贴定子内表面,以便马达能正常启动。

（5）液压泵在结构上需保证具有自吸能力,而液压马达就没有这一要求。

（6）液压马达必须具有较大的启动扭矩。启动扭矩就是马达由静止状态启动时,马达轴上所能输出的扭矩,该扭矩通常大于在同一工作压差时处于运行状态下的扭矩,所以,为了使启动扭矩尽可能接近工作状态下的扭矩,要求马达扭矩的脉动小,内部摩擦小。

高速液压马达的基本形式有齿轮式、螺杆式、叶片式和轴向柱塞式等。它们的主要特点是转速较高、转动惯量小,便于启动和制动,调速和换向的灵敏度高。通常高速液压马达的输出转矩不大(仅几十牛·米到几百牛·米),所以又称为高速小转矩液压马达。

液压马达也可按其结构类型分为齿轮式、叶片式、柱塞式和其他形式。

2. 液压马达的结构

常用液压马达的结构与同类型的液压泵很相似,下面对叶片马达、轴向柱塞马达和摆动液压马达的结构作一介绍。

(1) 叶片马达

如图 1-3-10 所示为叶片液压马达的结构图,当压力为 p 的油液从进油口进入叶片 1 和 3 之间时,叶片 2 因两面均受液压油的作用而不会产生转矩。叶片 1、3 上,一面作用为压力油,另一面作用为低压油。由于叶片 3 伸出的面积大于叶片 1 伸出的面积,因此作用于叶片 3 上的总液压力大于作用于叶片 1 上的总液压力,于是压力差使转子产生顺时针的转矩。同样地,压力油进入叶片 5 和 7 之间时,叶片 7 伸出的面积大于叶片 5 伸出的面积,也产生顺时针转矩。这样,就把油液的压力能转变成了机械能,这就是叶片马达的工作原理。当输油方向改变时,液压马达就反转。当定子的长短径差值越大,转子的直径越大,以及输入的压力越高时,叶片马达输出的转矩也越大。对结构尺寸已确定的叶片马达,其输出转速 n 决定于输入油的流量。叶片马达的体积小,转动惯量小,因此动作灵敏,可适应的换向频率较高。但泄漏较大,不能在很低的转速下工作,因此,叶片马达一般用于转速高、转矩小和动作灵敏的场合。

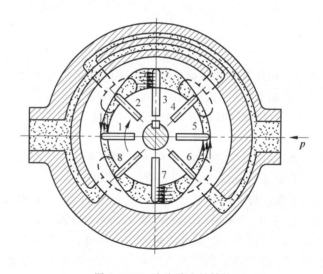

图 1-3-10　叶片马达的结构

(2) 轴向柱塞马达

如图 1-3-11 所示为斜盘式轴向柱塞马达的结构图,轴向柱塞马达的结构形式基本上与轴向柱塞泵一样,故其种类与轴向柱塞泵相同,也分为直轴式轴向柱塞马达和斜轴式轴向柱塞马达两类。当输入液压马达的油液压力一定时,液压马达的输出扭矩仅和每转排量有关。因此,提高液压马达的每转排量,就可以增加液压马达的输出扭矩。一般来说,轴向柱塞马达都是高速马达,输出扭矩小,因此,必须通过减速器来带动工作机构。如果我们能使液压马达的排量显著增大,也就可以将轴向柱塞马达做成低速大扭矩马达。

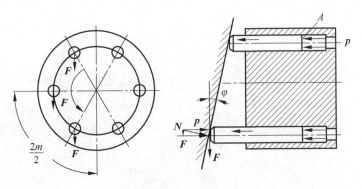

图 1-3-11 斜盘式轴向柱塞马达的结构

（3）摆动液压马达

摆动液压马达的结构如图 1-3-12 所示。图 1-3-12(a)是单叶片式摆动马达,若从油口Ⅰ通入高压油,叶片做逆时针摆动,低压力油从油口Ⅱ排出。因叶片与输出轴连在一起,输出轴摆动同时输出转矩、克服负载。此类摆动马达由于径向力不平衡,叶片和壳体、叶片和挡块密封困难,限制了其工作压力的进一步提高,从而也限制了输出转矩的进一步提高。图 1-3-12(b)所示为双叶片式摆动马达,在径向尺寸和工作压力相同的条件下,是单叶片式摆动马达输出转矩的 2 倍,但回转角度要相应减小。双叶片式摆动马达的回转角度一般小于 120°。

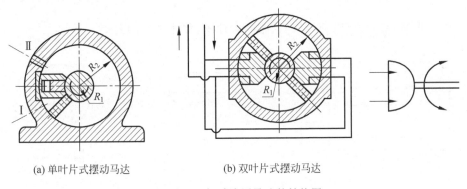

(a) 单叶片式摆动马达   (b) 双叶片式摆动马达

图 1-3-12 摆动液压马达的结构图

任务4 认识液压控制元件

液压控制元件(简称液压阀)是液压系统中的控制元件,用来控制液压系统中流体的压力、流量及流动方向,从而使之满足各类执行元件不同动作的要求。无论何种液压系统,都是由一些基本液压回路组成,而液压回路主要是由各种液压控制阀按一定需要组合而成的。

一、液压控制阀

液压控制阀的基本结构主要包括阀芯、阀体和驱动阀芯在阀体内做相对运动的装置。阀芯的主要形式有滑阀、锥阀和球阀；阀体上除有与阀芯配合的阀体孔或阀座孔外，还有外接油管的进出油口；驱动装置可以是手调机构，也可以是弹簧或电磁铁，有时还作用有液压力。液压阀正是利用阀芯在阀体内的相对运动来控制阀口的通断及开口大小，来实现压力、流量和方向的控制。

1. 液压控制阀的分类

（1）根据结构形式可以分为滑阀、锥阀和球阀，如图 1-4-1 所示。

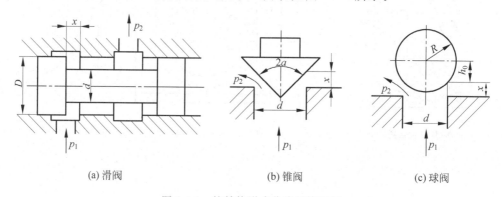

(a) 滑阀　　　　　　　　(b) 锥阀　　　　　　　　(c) 球阀

图 1-4-1　按结构形式分液压控制阀

滑阀：因滑阀为间隙密封，阀芯与阀体的间隙小，还需要有一定的密封长度。

锥阀：密封性能好，且开启阀口时无"死区"，动作灵敏。因一个锥阀只能有一个进油口和一个出油口，因此又称为二通锥阀。

球阀：球阀的性能与锥阀相同。

（2）根据用途不同可以分为方向控制阀、压力控制阀、流量控制阀，如图 1-4-2 所示。

方向控制阀：用来控制和改变液压系统中液流方向的阀类，如单向阀、液控单向阀、换向阀等。

(a) 方向控制阀

(b) 压力控制阀

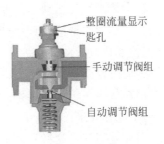

整圈流量显示
匙孔
手动调节阀组
自动调节阀组

(c) 流量控制阀

图 1-4-2　液压控制阀

压力控制阀：用来控制或调节液压系统液流压力以及利用压力实现控制的阀类，如溢流阀、减压阀、顺序阀等。

流量控制阀：用来控制或调节液压系统液流流量的阀类，如节流阀、调速阀、溢流节流阀、二通比例流量阀、三通比例流量阀等。

2. 液压阀的性能参数

各种液压阀都有自己的性能参数，其中共同的性能参数一般包括以下两个。

（1）公称通径

阀的尺寸规格用公称通径来表示，单位为 mm。公称通径表征阀通流能力的大小，应与阀进、出油管的规格一致。公称通径对应于阀的额定流量，阀工作时的实际流量应小于或等于它的额定流量。

（2）额定压力

额定压力是液压阀长期工作所允许的最高工作压力。它是由阀的结构特点和密封能力来决定的。压力控制阀的实际最高压力有时与阀的调压范围有关。只要系统的工作压力和工作流量小于或等于额定压力和额定流量，控制阀即可正常工作。

3. 对液压阀的基本要求

（1）液压阀的动作要求准确、灵敏，可靠性要高，工作平稳、冲击振动小。

（2）密封性能良好，以降低油液经过阀的压力损失。

（3）使阀的泄漏小，对周围的环境污染低。

（4）液压阀的结构要简单、紧凑，加工工艺性好。

（5）安装、维护、调整、更换方便，互换性好，使用寿命长等。

二、方向控制阀

如图 1-4-3 所示的平面磨床的工作台，在工作中是由液压传动系统带动进行往复运动的，工作台在

图 1-4-3　平面磨床的工作台

工作过程中要求往复运动的速度一致。要想使液压缸的往复速度一致，最简单的方法就是采用双作用双出杆液压缸，只要使液压油进入驱动工作台往复运动液压缸的不同工作缸，就能使液压缸带动工作台完成往复运动。

这种通过改变压力油流通方向从而控制执行运动的液压元件称为方向控制阀。方向控制阀用在液压系统中控制油液的流动方向，它对系统中各个支路的液流进行通、断切换，以满足工作要求。

方向控制阀按用途可分为单向阀和换向阀两大类。单向阀主要用于控制油液的单向流动，换向阀主要用于改变油液的流动方向或接通、切断油路。

1. 单向阀

单向阀包括普通单向阀和液控单向阀两种，其作用是只允许液流沿管道的一个方向通过，另一个方向的流动则被截止。液控单向阀除了具有普通单向阀的作用外，在外部控制油压的作用下，允许油液向另一个方向流动。

（1）普通单向阀

普通单向阀只允许液流沿一个方向通过，即由 P_1 口流向 P_2 口；而反向截止，即不允许液流由 P_2 口流向 P_1 口，如图 1-4-4 所示。根据单向阀使用特点，要求油液正向通过时阻力要小，液流有反向流动趋势时，关闭动作要灵敏，关闭后密封性要好，因此弹簧通常很软主要用于克服摩擦力。单向阀的阀芯分为钢球式 [如图 1-4-4（a）所示]、锥式 [如图 1-4-4（b）所示] 两种。钢球式阀芯结构简单、价格低，但密封性较差，一般仅用在低压、小流量的液压系统中。锥式阀芯阻力小，密封性好，使用寿命长，所以应用较广，多用于高压、大流量的液压系统中。

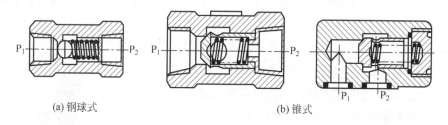

(a) 钢球式　　　　　　　　　(b) 锥式

图 1-4-4　普通单向阀剖面图

单向阀主要用在如下场合：一是起保护作用。将其设置在液压泵的出口处，防止由于系统压力突然升高而损坏液压泵。二是用作背压阀。将其设置在回油路上，换上刚度较大的弹簧，使阀的开启压力达到 0.2～0.6MPa，可形成回油背压，以增强工作部件的运动平稳性。

（2）液控单向阀

液控单向阀是可以根据工作需要实现油液反向流动的一种特殊单向阀。与普通单向阀相比，液控单向阀增加了一个控制活塞，其作用相当于一个微型液压缸。如图 1-4-5 所示，当控制口 K 不通压力油时，其结构与普通单向阀完全相同。当控制口 K 通入压力油时，活塞 1 右移顶开阀芯 3，使 P_1、P_2 油口连通，油液可在两个方向自由流动。

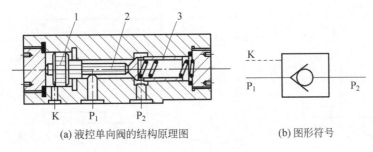

(a) 液控单向阀的结构原理图　　　　(b) 图形符号

图 1-4-5　液控单向阀

1—活塞；2—顶杆；3—阀芯

液控单向阀的应用场合如下。

① 保持压力：当有较长时间的保压要求时，可在油路上加一个液控单向阀，利用锥阀关闭的严密性，使油路长时间保压。

② 用于液压缸的"支承"：液控单向阀接于液压缸下腔的油路，可防止立式液压缸的活塞和滑块等活动部分因滑阀泄漏而下滑。

③ 实现液压缸的锁紧状态：换向阀处于中位时，两个液控单向阀关闭，严密封闭液压缸两腔的油液，这时活塞就不会因外力作用而产生移动。

④ 实现大流量排油：液压缸两腔的有效工作面积相差很大，在活塞退回时，液压缸右腔排油量骤然增大，加设液控单向阀，控制压力油将液控单向阀打开，便可以顺利地将右腔油液排出。

2. 换向阀

换向阀一般是利用阀芯在阀体中的相对位置的变化，使各流体通路（与该阀体相连接的流体通路）实现接通或断开以改变流动方向，从而控制执行机构的运动。

换向阀的种类很多，应用非常广泛。通常有几种分类方式：按换向阀的结构形式可分为转阀式、滑阀式、球阀式和锥阀式等。按换向阀的操纵方式可分为手动式、机动式、电磁式、液动式以及电液式等。按换向阀阀芯可能实现的工作位置可分为二位阀、三位阀等。按换向阀的安装方式又可分为螺纹式、板式和法兰式等。

下面主要介绍滑阀式换向阀，它在液压系统中应用最广。

（1）滑阀式换向阀的工作原理

如图 1-4-6 所示，滑阀式是换向阀中应用最多的形式。阀芯与阀体孔配合处为台肩，阀体上有一个圆柱形孔，在孔里面加工出若干个环形槽，称为沉割槽；每个沉割槽均与相应的油口相通。当阀芯相对于阀体做轴向运动时，就会使相应的油路接通或断开，从而改变油液的流动方向。阀芯台肩和阀体沉割槽可以是两台肩三沉割槽，也可以是三台肩五沉割槽。当阀芯运动时，通过阀芯台肩开启或封闭阀体沉割槽，接通或关闭与沉割槽相通的油口。

（2）滑阀式换向阀的主体结构形式

阀体和阀芯是换向阀的主体结构。滑阀式换向阀主体部分的结构形式见表 1-4-1。

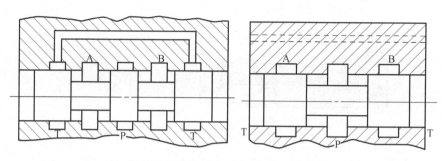

图 1-4-6　滑阀式换向阀的工作原理图

表 1-4-1　滑阀式换向阀主体部分的结构形式

名　称	结构原理图	图形符号	使用场合	
二位二通阀			控制油路的接通和切断（相当于一个开关）	
二位三通阀			控制液流方向（从一个方向变换成另一个方向）	
二位四通阀			不能使执行元件在任意位置处停止运动	执行元件正、反向运动时可得到相同的回油方式
三位四通阀			能使执行元件在任意位置处停止运动	
二位五通阀			不能使执行元件在任意位置处停止运动	执行元件正、反向运动时可得到不同的回油方式
三位五通阀			能使执行元件在任意位置处停止运动	

换向阀图形符号的规定和含义：

① 用框表示阀的工作位置数，有几个框就是几位阀。

② 在一个框内，箭头"↑"或堵塞符号"┬"或"⊥"与框相交的点数就是通路数，有几个交点就是几通阀，箭头"↑"表示阀芯处在这一位置时两油口相通，但不一定是油液的实际流向，"┬"或"⊥"表示此油口被阀芯封闭(堵塞)，不通流。

③ 三位阀中间的框、两位阀画有复位弹簧的那个框为常态位置(即未施加控制号以前的原始位置)。在液压系统原理图中，换向阀的图形符号与油路的连接一般应画在常态位置上。工作位置应按规定"左位"画在常态位的左面，"右位"画在常态位右面。同时在常态位上应标出油口的代号。

④ 控制方式和复位弹簧的符号画在框的两侧。

（3）滑阀式换向阀的操纵方式

滑阀式换向阀的阀芯相对于阀体的移动是靠操纵力来实现的。为了使滑阀可靠地工作，必须在实现操纵后使阀芯可靠定位，用定位元件保证阀芯与阀体的相对位置处于给定状态。常见的滑阀式换向阀的操纵方式见表1-4-2。

表 1-4-2　滑阀式换向阀的操纵方式

操 纵 方 式	图 形 符 号	简 要 说 明
手动		手动操纵，弹簧复位，中间位置时阀口互不相通
机动		挡块或凸轮操纵，弹簧复位，阀口常闭
电磁		电磁铁操纵，弹簧复位
液动		液压操纵，弹簧复位，中间位置时四口(P、A、B、T)互不相通

（4）三位换向阀的中位机能

三位换向阀的阀芯在中间位置时，各油口的连通方式称为换向阀的中位机能。通过改变阀芯的台肩结构、轴向尺寸以及阀芯上的径向通孔数目，可以实现不同的中位机能。常用换向阀的几种中位机能、滑阀状态、图形符号、使用场合等见表1-4-3。

表 1-4-3　三位四通换向阀的中位机能

型　式	图形符号	中位油口状况、特点及应用
O 型	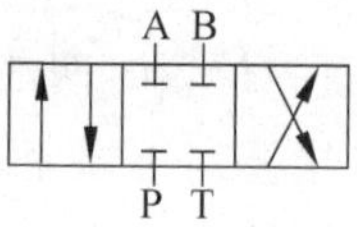	P、A、B、T 四口全部封闭；液压泵不卸荷,液压缸闭锁,可用于多个换向阀的并联工作
H 型	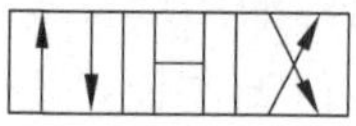	四口全部串通；液压缸处于浮动状态,在外力作用下可移动,泵卸荷
Y 型	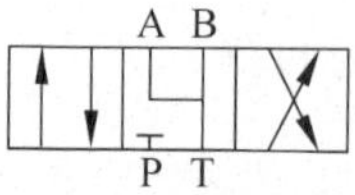	P 口封闭,A、B、T 三口相通；液压缸浮动,在外力作用下可移动,泵不卸荷
K 型	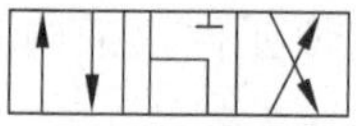	P、A、T 口相通,B 口封闭；液压缸处于闭锁状态,泵卸荷
M 型	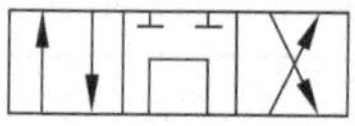	P、T 相通,A、B 口封闭；液压缸处于闭锁状态,泵卸荷；也可用于多个 M 型换向阀并联工作
X 型		四油口处于半开启状态,泵基本上卸荷,但仍保持一定压力
P 型	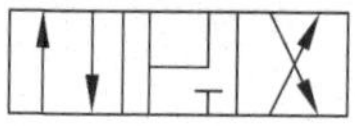	P、A、B 口相通,T 口封闭；泵与缸两腔相通,可组成差动回路
J 型	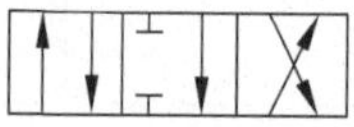	P、A 封闭,B、T 相通；活塞停止,但在外力作用下可向一边移动,泵不卸荷
C 型	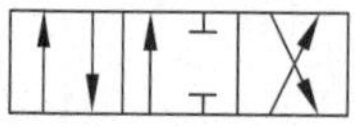	P、A 相通,B、T 封闭；液压缸处于停止位置
N 型	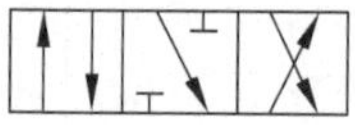	P、B 口封闭,A、T 相通；与 J 型机能相似,只是 A、B 互换,功能也相似
U 型	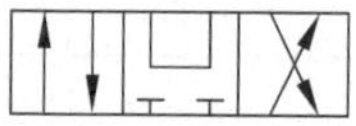	P、T 口封闭,A、B 相通；液压缸浮动,在外力作用下可移动,泵不卸荷

3. 方向控制阀的常见故障、产生原因及排除方法

方向控制阀的常见故障、产生原因及排除方法见表 1-4-4。

表 1-4-4　方向控制阀的常见故障、产生原因及排除方法

常见故障	产 生 原 因	排 除 方 法
阀芯不动或不到位	1. 滑阀卡住 （1）滑阀与阀体配合间隙过小，阀芯在孔中容易卡住不能动作或动作不灵活。 （2）阀芯碰伤，油液被污染。 （3）阀芯几何形状超差，阀芯与阀孔装配不同心，产生轴向液压卡紧现象	检查滑阀 （1）检测间隙情况，研修或重配阀芯。 （2）检测、修磨或重配阀芯，换油。 （3）检查、修正偏差及同心度，检查液压卡紧情况
	2. 液动换向阀控制油路有故障 （1）油液控制压力不够，滑阀不动，不能换向或换向不到位。 （2）节流阀关闭或堵塞。 （3）滑阀两端泄油口没有接回油箱或泄油管堵塞	检查控制油路 （1）提高控制压力，检查弹簧是否过硬，或更换弹簧。 （2）检查、清洗节流口。 （3）检查，并将泄油管接回油箱，清洗回油管，使之畅通
	3. 电磁铁的故障 （1）交流电磁铁因滑阀卡住，铁心吸不到底面而烧毁。 （2）漏磁、吸力不足。 （3）电磁铁接线焊接不良，接触不好	检查电磁铁 （1）清除滑阀卡住故障，更换电磁铁。 （2）检查漏磁原因，更换电磁铁。 （3）检查并重新焊接
	4. 弹簧折断、漏装、太软，不能使滑阀恢复中位，因而不能换向	检查、更换或补装弹簧
	5. 电磁换向阀的推杆磨损后长度不够，使阀芯移动过大或过小，都会引起换向不灵或不到位	检查并修复，必要时更换推杆

三、压力控制阀

如图 1-4-7（a）所示是半自动车床，该车床在加工工件时，工件的夹紧是由如图 1-4-7（b）所示的夹紧装置液压卡盘来完成的。当液压缸右腔输入压力油后，活塞运动，并通过摇臂使卡爪向中心运动，从而夹紧放在卡爪中的工件。为了保护加工安全，液压系统必须能够提供稳定的工作压力以便夹紧工件。由于被加工工件的材质、类型不同，因此液压卡盘的夹紧力一方面要保证工件在切削过程中不松动，另一方面又要防止夹紧力过大造成工件被夹变形，这就要求液压卡盘的夹紧力是可控制的，可以通过控制进入液压卡盘液压缸的液压油压力来控制夹紧力的大小。在液压系统中，我们常选用压力控制阀来达到上述压力控制要求。

(a) 半自动车床　　　　　　(b) 液压卡盘

图 1-4-7　半自动车床和液压卡盘

压力控制阀简称为压力阀,用于液压系统中,其作用是控制油液压力,或以油液压力作为信号来控制油路通断。按其功能和用途可分为溢流阀、减压阀、顺序阀和压力继电器等。它们的共同特点是利用作用在阀芯上的液压力与弹簧力相平衡的原理来进行工作。

1. 溢流阀

溢流阀在液压系统中的功用主要有两点:一是保持系统或回路的压力恒定;起溢流和稳压作用。如在定量泵节流调速系统中作溢流衡压阀,用以保持泵的出口压力恒定。二是在系统中作安全阀使用,在系统正常工作时,溢流阀处于关闭状态,而当系统压力大于或等于其调定压力时,溢流阀才开启溢流,对系统起过载保护作用。根据结构和原理不同,溢流阀可分为直动式溢流阀和先导式溢流阀两类。

(1)直动式溢流阀

直动式溢流阀的结构和图形符号如图 1-4-8 所示,阀体上开有进出油口 P 和 T,锥阀阀芯在弹簧的作用下压在阀座上,油液压力从进油口 P 作用在阀芯上。当进油压力较小时,阀芯在弹簧的作用下处于下端位置,将 P 和 T 两油口隔开,溢流口无液体溢出。当油压力升高,在阀芯下端所产生的作用力超过弹簧的压紧力时,阀芯上升,阀口被打开,液体从溢流口流回油箱。弹簧力随着开口量的增大而增大,直至与液压作用力相平衡。调压手轮可以改变弹簧的压紧力,从而调整溢流阀的溢流压力。

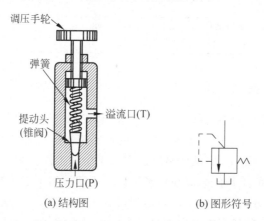

(a) 结构图　　　　　　　(b) 图形符号

图 1-4-8　直动式溢流阀结构图和图形符号

直动式溢流阀结构简单,动作灵敏,但如果用在高压、大流量的液压系统中,就要求调压弹簧具有较大的弹簧刚度,当溢流量的变化引起阀口开度(也就是弹簧的压缩量)发生变化时,弹簧力变化较大,溢流阀进口压力也随着发生较大变化,调压稳定性差。因此,直动式溢流阀常用在低压、小流量的液压系统中。

(2)先导式溢流阀

先导式溢流阀的结构和图形符号如图 1-4-9 所示。它由主阀和先导阀两部分组成。进口油液的液压力同时作用在主阀芯及先导阀芯上。先导阀未打开时,阀腔内油液不流动,主阀芯上下两个方向的液压力相互平衡,主阀在弹簧的作用下处于最下端位置,阀口关闭。随着进油压力的增大,先导阀被打开,油液通过主阀芯上的阻尼孔、先导阀流回油箱。先导式溢流阀的主阀弹簧主要用来克服阀芯的摩擦力,刚度很小,在较小的外力作用下即可被压缩,主阀芯的位移量大小对系统的影响较小。

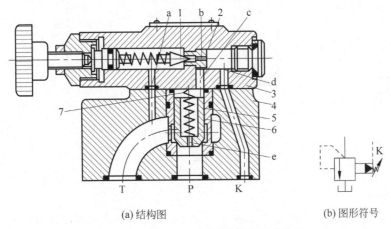

(a)结构图　　　　　　　　　　(b)图形符号

图 1-4-9　先导式溢流阀的结构和图形符号

1—先导阀芯;2—先导阀座;3—先导阀体;4—主阀体;5—主阀芯;6—主阀套;7—主阀弹簧

先导式溢流阀的作用是控制和调节溢流压力。先导阀阀口直径较小,即使在较高压力的情况下,作用在锥阀芯上的液压推力也不会很大。因此调压弹簧的刚度不必很大,压力调整也就比较轻便。主阀芯因两端均受油压作用,主阀弹簧只需很小的刚度,当溢流量变化引起弹簧压缩量变化时,进油口的压力变化不大,故先导式溢流阀恒定压力的性能优于直动式逆流阀。所以,先导式溢流阀可被广泛应用于高压大流量场合。但先导式溢流阀是两级阀,其反应不如直动式溢流阀灵敏。

(3)溢流阀的应用

根据溢流阀在液压系统中所起的作用,溢流阀可作溢流、安全、卸荷使用和实现远程调压。

① 作溢流阀用

在定量泵供油的液压系统中,由流量控制阀调节进入执行元件的流量,定量泵输出的多余油液则从溢流阀流回油箱。在工作过程中溢流阀口常开,系统的工作压力由溢流阀调整并保持基本恒定,如图 1-4-10(a)所示的溢流阀。

② 作安全阀用

如图 1-4-10(b)所示为一个变量泵供油系统,执行元件速度由变量泵自身调节,系统中无多余油液,系统工作压力随负载变化而变化。正常工作时,溢流阀口关闭。一旦过载,溢流阀口立即打开,使油液流回油箱,系统压力不再升高,以保障系统安全。

③ 作卸荷阀用

如图 1-4-10(c)所示,将控制口通过二位二通电磁阀与油箱连接。当电磁铁断电时,远程控制口被堵塞,溢流阀起稳压作用。当电磁铁通电时,远程控制口通油箱,溢流阀的主阀芯上端压力接近于零,此时溢流阀口全开,回油阻力很小,泵输出的油液便在低压下经溢流阀口流回油箱,使液压泵卸荷,减小功率损失,此时溢流阀起卸荷作用。

④ 实现远程调压

将先导式溢流阀的远程控制口与直动式溢流阀连接,可实现远程调压,如图 1-4-10(d)所示。

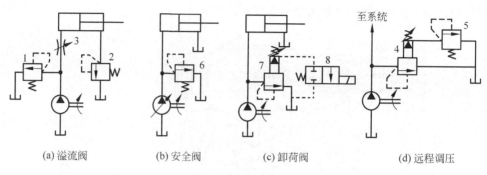

(a) 溢流阀   (b) 安全阀   (c) 卸荷阀   (d) 远程调压

图 1-4-10　溢流阀的应用

2. 减压阀

在液压系统中,当一个油泵供给多个支路工作时,利用减压阀可以组成不同压力级别的液压回路,如夹紧油路、控制油路和润滑油路等。减压阀是利用油液通过缝隙时产生压力损失的原理,使其出口压力低于进口压力的压力控制阀。在液压系统中减压阀常用于降低或调节系统中某一支路的压力,以满足某些执行元件的需要。减压阀按其结构也有直动式和先导式之分。其先导阀与溢流阀的先导阀相似,但弹簧腔的泄漏油单独引回油箱。

（1）直动式减压阀

如图 1-4-11 所示为直动式减压阀的结构及图形符号。当阀芯处在原始位置上时,它的阀口是打开的,阀的进、出口连通。这个阀的阀芯由出口处的压力控制,出口压力未达到调定压力时阀口全开,不起降压作用。当出口压力达到调定压力时,阀芯上移,阀口关小,整个阀即处于工作状态。如忽略其他阻力,仅考虑阀芯上的液压力和弹簧力相平衡的条件,则可以认为出口压力基本上维持在某一固定的调定值上。这时如出口压力减小,阀芯下移,阀口开大,阀口处阻力减小,压降减小,使出口压力回升到调定值上。反之,如出口压力增大,则阀芯上移,阀口关小,阀口处阻力加大,压降增大,使出口压力下降到调定值上。

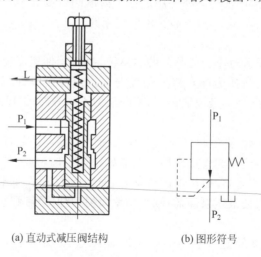

(a) 直动式减压阀结构   (b) 图形符号

图 1-4-11　直动式减压阀结构及图形符号

直动式减压阀的特点：

① 外漏堵绝，内漏易控，使用安全。

② 系统简单，便于与电脑连接，价格低廉。

③ 动作快速，功率微小，外形轻巧。

④ 调节精度受限，适用介质受限。

⑤ 型号多样，用途广泛。

（2）先导式减压阀

先导式减压阀的结构及图形符号如图 1-4-12 所示。与先导式溢流阀的结构类似，先导式减压阀也是由先导阀和主阀两部分组成的。其主要区别在于：减压阀的先导阀控制出口油液压力，而溢流阀的先导阀控制进口油液压力。由于减压阀的进、出口油液均有压力，所以先导阀的泄油不能像溢流阀一样流入回油口，而必须设有单独的泄油口。在正常情况下，如果减压阀阀口开得很大（常开），而溢流阀阀口则关闭（常闭）。

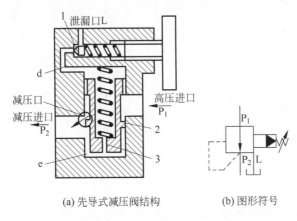

(a) 先导式减压阀结构　　　　(b) 图形符号

图 1-4-12　先导式减压阀的结构及图形符号

1—先导阀；2—主阀；3—阻尼孔

液压系统主油路的高压油液从进油口 P_1 进入减压阀，经减压口减压后，低压油液从出油口 P_2 输出。同时低压油液进入主阀芯下端油腔，又经节流小孔进入主阀芯上端油腔及先导阀锥阀左端油腔，给锥阀一个向右的液压力。该液压力与先导阀调压弹簧的弹簧力相平衡，从而控制低压油 P_2 基本保持调定压力。当出油口的低压油 P_2 低于调定压力时，锥阀关闭，主阀芯上下腔油液压力相等，主阀弹簧的弹簧力将主阀芯推向下端，减压口增大，减压阀处于不工作状态。当 P_2 升高，超过调定压力时，锥阀打开，少量油液经锥阀口，由泄油口 L 流回油箱。由于这时有油液流过节流小孔，产生压力降，使主阀芯上腔压力低于下腔压力，当此压力差产生的向上的作用力大于主阀芯重力、摩擦力、主阀弹簧的弹簧力之和时，主阀芯向上移动，使减压口减小，压力损失加剧，P_2 随之下降，直到作用在主阀芯上诸力平衡，主阀芯便处于新的平衡位置，减压口保持一定的开启量。

（3）减压阀的应用

① 减压回路

如图 1-4-13(a) 所示为减压回路，在主系统的支路上串一减压阀，用以降低和调节支路液压缸的最大推力。

② 稳压回路

如图 1-4-13(b)所示为稳压回路,当系统压力波动较大,液压缸 2 需要有较稳定的输入压力时,在液压缸 2 进油路上串一减压阀,在减压阀处于工作状态下,可使液压缸 2 的压力不受溢流阀压力波动的影响。

③ 单向减压回路

当需要执行元件正反向压力不同时,可使用如图 1-4-13(c)所示的单向减压回路。图中用双点画线框起的单向减压阀是具有单向阀功能的组合阀。

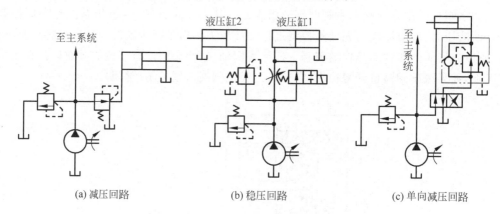

(a) 减压回路　　　　　　(b) 稳压回路　　　　　　(c) 单向减压回路

图 1-4-13　减压阀的应用

3. 顺序阀

顺序阀的主要作用是利用油液压力作为控制信号来控制油路的通断,使执行元件顺序动作。顺序阀的控制形式在结构上完全通用,其构造及其结构类似溢流阀。顺序阀与溢流不同的是:出口直接接执行元件,另外有专门的泄油口。按控制方式不同,顺序阀可分为内控式和外(液)控式。

(1) 顺序阀的结构

主阀芯在原始位置进、出油口切断,进油口压力油通过两条路径,一路经阻尼孔进入

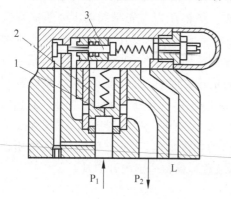

图 1-4-14　DZ 型顺序阀

1—阻尼孔;2—主阀芯;3—先导滑阀

主阀上腔并到达先导阀中部环形腔,另一路直接作用在先导滑阀左端。当进口压力低于先导阀弹簧调定压力时,先导滑阀在弹簧力的作用下处于如图 1-4-14 所示的位置。当进口压力大于先导阀弹簧调定压力时,先导滑阀在左端液压力作用下右移,将先导阀中部环形腔与通顺序阀出口的油路导通。于是顺序阀进口压力油经阻尼孔、主阀上腔、先导阀流往出口。由于阻尼存在,主阀上腔压力低于下端(即进口)压力,主阀芯开启,顺序阀进出油口导通。把外控式顺序阀的出油口接通油箱,且将外泄改为内泄,即可构成卸

荷阀。

（2）顺序阀的应用

① 用于实现顺序动作。

② 用作卸荷阀。液控顺序阀也可用作卸荷阀。

③ 用作平衡阀。顺序阀和单向阀组合成单向顺序阀也可作平衡阀。

④ 用作背压阀。与溢流阀用作背压阀时的情况一致。

4. 压力继电器

压力继电器是利用油液压力来启闭电气触点的液压电气转换元件。它在油液压力达到调定值时，发出电信号，控制电气元件动作，实现液压系统的自动控制。

柱塞式压力继电器的结构和图形符号如图 1-4-15 所示。当进油口 P 处油液压力达到压力继电器调定的压力时，作用在柱塞上的液压力通过顶杆合上微动开关，发出电信号。

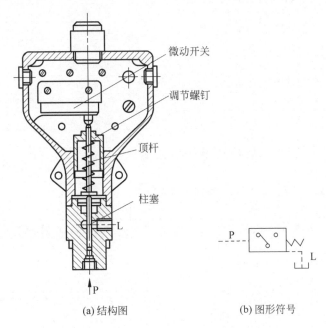

(a) 结构图   (b) 图形符号

图 1-4-15　压力继电器结构图和图形符号

压力继电器的应用如下。

（1）实现安全控制

压力继电器可实现安全控制，当系统压力达到压力继电器事先调定的压力值时，压力继电器即发出电信号，使由其控制的系统停止工作，对系统起安全保护作用。

（2）实现执行元件的顺序动作

压力继电器可实现执行元件的顺序动作，当系统压力达到压力继电器事先调定的压力值时，压力继电器即发出电信号，使由其控制的执行元件开始动作。

5. 压力控制阀的常见故障、产生原因及排除方法

压力控制阀的常见故障、产生原因及排除方法见表1-4-5。

表1-4-5　压力控制阀的常见故障、产生原因及排除方法

常见故障	产生原因	排除方法
溢流阀压力波动	(1) 弹簧弯曲或弹簧刚度太低	更换弹簧
	(2) 锥阀与锥阀座接触不良或磨损	更换锥阀
	(3) 压力表不准	修理或更换压力表
	(4) 滑阀动作不灵	调整阀盖螺钉紧固力或更换滑阀
	(5) 油液不清洁,阻尼孔不畅通	更换油液,清洗阻尼孔
溢流阀有明显的振动、噪声	(1) 调压弹簧变形,不复原	检修或更换弹簧
	(2) 回油路有空气进入	紧固油路接头
	(3) 流量超值	调整
	(4) 油温过高,回油阻力过大	控制油温,回油阻力降至 0.5MPa 以下
溢流阀泄漏	(1) 锥阀与阀座接触不良或磨损	更换锥阀
	(2) 滑阀与阀盖配合间隙过大	重配间隙
	(3) 紧固螺钉松动	拧紧螺钉
溢流阀调压失灵	(1) 调压弹簧折断	更换弹簧
	(2) 滑阀阻尼孔堵塞	清洗阻尼孔
	(3) 滑阀卡住	拆检并修正,调整阀盖螺钉紧固力
	(4) 进、出油口接反	重装
	(5) 先导阀座小孔堵塞	清洗小孔
减压阀二次压力不稳定并与调定压力不符	(1) 油箱液面低于回油管口或滤油器,油中混入空气	补油
	(2) 主阀弹簧太软、变形或在滑阀中卡住,使阀移动困难	更换弹簧
	(3) 泄漏	检查密封,拧紧螺钉
	(4) 锥阀与阀座配合不良	更换锥阀
减压阀不起作用	(1) 泄油口的螺堵未拧出	拧出螺堵,接上泄油管
	(2) 滑阀卡死	清洗或重配滑阀
	(3) 阻尼孔堵塞	清洗阻尼孔,检查油液清洁度
顺序阀振动与噪声	(1) 油管不适合,回油阻力过大	降低回油阻力
	(2) 油温过高	降温至规定温度
顺序阀动作压力与调定压力不符	(1) 调压弹簧不当	反复几次,转动手柄,调至规定压力
	(2) 调压弹簧变形,最高压力调不上去	更换弹簧
	(3) 滑阀卡死	检查滑阀配合部分,清除毛刺

四、流量控制阀

在前面的学习中,我们已经了解了平面磨床工作台的换向控制回路。但是这种回路只能实现平面磨床工作台恒定速度的往复运动,而在实际工作中,因磨削不同的进给速度,故要求工作台的往复运动可以调节。液压泵输出的压力油经换向阀直接进入工作台液压缸的工作腔,因此,工作台的运动速度是不变的,要使工作台实现速度可调的往复运

动,只需要调节进入工作台液压缸的压力油流量即可。在液压系统中,通过调节进入液压缸的压力流量从而改变液压缸运动速度的元器件称为流量控制阀。

对流量控制阀的主要性能要求包括:

(1) 当阀前后的压力差发生变化时,通过阀的流量变化要小。

(2) 当油温发生变化时,通过节流阀的流量变化要小。

(3) 要有较大的流量调节范围,在小流量时不易堵塞,这样使节流阀能得到很小的稳定流量,不会在连续工作一段时间后因节流口堵塞而使流量减小,甚至断流。

(4) 当阀全开时,液流通过节流阀的压力损失要小。

1. 节流阀

节流阀的结构和图形符号如图 1-4-16 所示。压力油从进油口 P_1 流入,经节流口从 P_2 流出。调节手轮可使阀芯轴向移动,以改变节流口的通流截面面积,从而达到调节流量的目的。主要零件有阀芯、阀体和螺母。阀体上开有进油口和出油口。阀芯一端开有三角槽,另一端加工有螺纹,旋转阀芯即可轴向移动改变阀口过流面积。为平衡液压径向力,三角槽须对称布置。

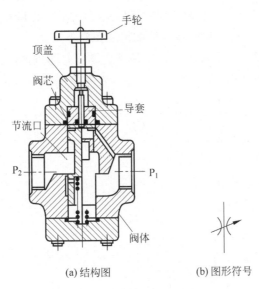

(a) 结构图　　　　(b) 图形符号

图 1-4-16　节流阀的结构图和图形符号

(1) 节流阀的应用

① 当节流阀前后 Δp 一定时,改变 A 可改变阀的流量——起节流调速作用。

② 当 q 一定时,改变 A 可改变节流阀前后压力差 Δp——起负载阻尼作用。

③ 当 $q=0$ 时,安装节流元件可延缓压力突变的影响——起压力缓冲作用。

(2) 节流阀的压力和温度补偿

① 补偿的必要性:普通节流阀刚性差,流量受负载变化(压差变化)影响比较大,不能保持速度恒定,只用于速度要求不高的场合。

② 补偿思路:保持压差不变,可使流量仅取决于开口大小的变化。

③ 补偿方法：一种是将定差减压阀与节流阀串联起来，组合而成调速阀；另一种是将稳压溢流阀与节流阀并联起来，组成溢流节流阀。

④ 补偿原理：这两种压力补偿方式是利用流量变动所引起油路压力的变化，通过阀芯的负反馈动作，来自动调节节流部分的压力差，使其基本保持不变。

⑤ 温度补偿：油温的变化也必然会引起油液黏度的变化，从而使通过节流阀的流量发生相应的改变，为此出现了温度补偿调速阀。

2. 调速阀

在节流阀的开口调定后，其工作流量会因负载的变化而变化，因而造成执行元件的速度不稳定。所以，节流阀主要用在负载变化不大、速度稳定性要求不高的液压系统中。但由于负载的变化不可避免，因而，在速度稳定性要求较高的系统中，应采用流量可调节并具有稳定功能的调速阀。

调速阀是由定差减压阀与节流阀串联而成的组合阀。节流阀用来调节通过的流量，定差减压阀则自动补偿负载变化的影响，使节流阀前后的压差为定值，消除了负载变化对流量的影响。节流阀前、后的压力分别引到减压阀阀芯右、左两端，当负载压力增大，作用在减压阀芯左端的液压力随之增大，阀芯右移，减压口加大，压降减小，从而使节流阀的压差保持不变；反之亦然。这样就使调速阀的流量恒定不变。

调速阀的结构和图形符号如图 1-4-17 所示。调速阀的进油压力 p_1 由溢流阀调定，基本保持不变。油液进入减压阀后，压力变为 p_2，流入节流阀的进油腔，经节流后流出，压力降为 p_3，从出油口流出，最后进入油缸。

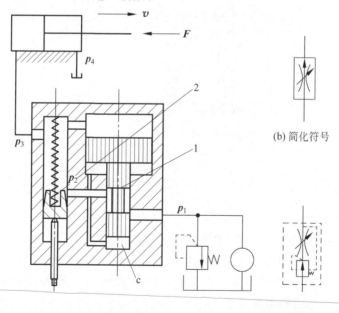

(a) 结构图   (c) 图形符号

图 1-4-17   调速阀的结构图和图形符号

1—定差减压阀；2—节流阀

调速阀流量稳定性分析：调速阀用于调节执行元件运动速度，并保证其速度的稳定性。这是因为节流阀既是调节元件，又是检测元件，当阀口面积调定后，它一方面控制流量的大小；另一方面检测流量信号并转换为阀口前后压力差，反馈作用到定差减压阀阀芯的两端面，与弹簧力相比较，当检测的压力差偏离预定值时，定差减压阀阀芯产生相应位移，改变减压缝隙进行压力补偿，保证节流阀前后的压力差基本不变。但是阀芯位移势必引起弹簧力和液动力波动，因此流经调速阀的流量只能保持基本稳定。

旁通型调速阀又称为溢流节流阀，如图 1-4-18 所示，由节流阀与差压式溢流阀并联而成，阀体上有一个进油口，一个出油口，一个回油口。这里节流阀既是调节元件，又是检测元件；差压式溢流阀是压力补偿元件，它保证了节流阀前后压力差 Δp 基本不变。旁通型调速阀用于调节执行元件运动速度只能安装在执行元件的进油路上，其速度刚性较调速阀小，与调速阀调速回路相比，回路效率较高。溢流节流阀的流量大，阀芯阻力大，因此弹簧较硬，稳定性较差。

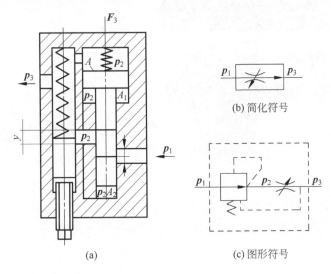

图 1-4-18　旁通型调速阀及符号

3. 流量控制阀的常见故障、产生原因及排除方法

流量控制阀的常见故障、产生原因及排除方法见表 1-4-6。

表 1-4-6　流量控制阀的常见故障、产生原因及排除方法

常 见 故 障	产 生 原 因	排 除 方 法
无流量通过或流量极少	(1) 节流口堵塞，阀芯卡住。 (2) 阀芯和阀孔配合间隙过大，泄漏大	(1) 检查、清洗更换油液，提高清洁度。 (2) 检查磨损、密封情况，修换阀芯
流量不稳定	(1) 油中杂质粘附在节流口边缘上，通流面积减小，速度减慢。 (2) 系统温度上升，油液黏度下降，流量增加，速度上升。 (3) 节流阀内、外泄漏大，流量损失大，不能保证所需的流量	(1) 拆洗节流阀，清除污物，更换滤油器或更换油液。 (2) 采取散热、降温措施，必要时换带温度补偿的调速阀。 (3) 检查阀芯与阀体之间的间隙及加工精度，检查密封情况

任务 5　认识液压辅助元件

导读：同学们，以上照片中显示的是什么？本节课我们就来学习一下。

液压系统的辅助元件包括蓄能器、滤油器、油箱、热交换器、密封装置、管件与管接头、压力计等。这些元件从液压传动的结构来看起辅助作用，却能够有效地传递力和运动。

一、蓄能器

1. 蓄能器的作用

蓄能器的作用是将液压系统中的能量储存起来，在需要时重新释放出来。

（1）作辅助动力源；

（2）补充泄漏和保持恒压；

（3）吸收液压冲击；

（4）作为紧急动力源；

（5）消除脉动、降低噪声；

（6）作液体补充装置用；

（7）输送异性液体、有毒气体。

2. 蓄能器的分类

（1）活塞式蓄能器

如图 1-5-1 所示，气体和油液由活塞 1 隔开，活塞的上部为压缩空气，气体由充气阀 3

充入,其下部经油口 4 通向液压系统,活塞随下部压力油的储存和释放而在缸筒 2 内来回滑动。为防止活塞上、下两腔相通而使气液混合,在活塞上装有 O 型密封圈。这种蓄能器结构简单、使用寿命长,它主要用于大体积和大流量。但因活塞有一定的惯性和 O 型密封圈存在较大的摩擦力,所以反应不够灵敏,因此适用于储存能量,或在中、高压系统中吸收压力脉动。另外,密封件磨损后,会使气液混合,影响系统的稳定性。

(2)皮囊式蓄能器

皮囊式蓄能器气体和油液由皮囊 2 隔开,其结构如图 1-5-2 所示。皮囊由耐油橡胶制成,固定在耐高压壳体的上部,皮囊内充入惰性气体,壳体 1 下端的提升阀 3 是一个用弹簧复位的菌形阀,压力油由此通入,并能在油液全部排出时,防止皮囊膨胀挤出油口。这种结构使气液密封更可靠,并且因皮囊惯性小而克服了活塞式蓄能器响应慢的弱点,因此,它的应用范围非常广泛,其缺点是工艺性差。

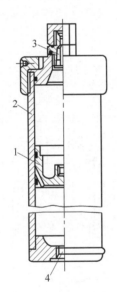

图 1-5-1 活塞式蓄能器

1—活塞;2—缸筒;3—充气阀;4—油口

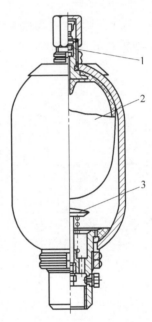

图 1-5-2 皮囊式蓄能器

1—壳体;2—皮囊;3—提升阀

(3)重力式蓄能器

重力式蓄能器主要用于冶金等大型液压系统的恒压供油,其缺点是反应慢,结构庞大,现在已很少使用。

(4)弹簧式蓄能器

弹簧式蓄能器利用弹簧的弹性来储存、释放压力能,它的结构简单,反应灵敏,但容量小,可在小容量、低压回路中起缓冲作用,不适用于高压或高频的工作场合。

二、过滤器

液体介质在液压系统中除传递动力外,还对液压元件中的运动件起润滑作用。此外,为了保证元件的密封性能,组成工作腔的运动件之间的配合间隙很小,而液压件内部的控制又常常通过阻尼小孔来实现。因此,液压介质的清洁度对液压元件与系统的工作可靠性和使用寿命有着很大的影响。统计资料表明:液压系统的故障75%以上是因为对液压介质的污染造成的,液压介质中的污染杂质会使液压元件运动副的结合面磨损、堵塞阀口、卡死阀芯,使系统工作可靠性大为降低。因此,在系统中安装过滤器,是保证液压系统正常工作必要手段。过滤器按滤芯的结构分类如下。

1. 网式过滤器

如图1-5-3所示,网式滤芯是在周围开有很多孔的金属骨架1上,包着一层或两层铜丝网2,过滤精度由网孔大小和层数决定。网式滤芯结构简单,清洗方便,通油能力大,过滤精度低,常作为吸滤器。

2. 线隙式过滤器

如图1-5-4所示,由铜线或铝线密绕在筒形骨架的外部来组成滤芯,油液经线间间隙和筒形骨架槽孔汇入滤芯内,再从上部孔道流出。这种过滤器结构简单,通油能力大,过滤效果好,多作为回油过滤器。

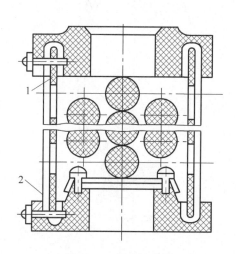

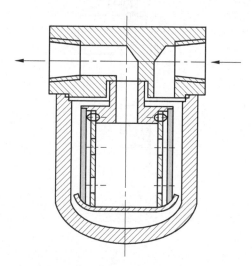

图1-5-3　网式过滤器

1—金属骨架;2—铜丝网

图1-5-4　线隙式过滤器

3. 纸质式过滤器

纸质滤芯结构同线隙式,它结构紧凑,通油能力大,在配备壳体后用作压力油的过滤,其缺点是无法清洗,需经常更换滤芯。如图1-5-5所示为纸质式过滤器的结构,滤芯由三层组成,外层2为粗眼钢板网,中层3为折叠成星状的滤纸,里层4由金属丝网与滤纸折叠而成。为了保证过滤器能正常工作,不致因杂质逐渐聚集在滤芯上引起压差增大而损坏滤芯,过滤器顶部装有阻塞状态发讯装置1,当滤芯逐渐阻塞时,压差增大,感应活塞推动电气开关并接通电路,发出阻塞报警信号,提醒操作人更换滤芯。

4. 烧结式过滤器

如图 1-5-6 所示为烧结式过滤器,滤芯可按需要制成不同的形状,选择不同粒度的粉末烧结成不同厚度的滤芯,可以获得不同的过滤精度。烧结式过滤器的过滤精度较高,滤芯的强度高,抗冲击性能好,能在较高温度下工作,具有良好的抗腐蚀性,且制造简单,可以安装在不同的位置。

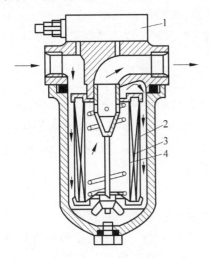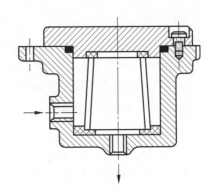

图 1-5-5　纸质式过滤器　　　　　　　　图 1-5-6　烧结式过滤器

1—发讯装置；2—外层；3—中层；4—里层

5. 过滤器的选择

根据液压系统对过滤器的基本要求,选择过滤器时应考虑以下性能。

（1）要有足够的过滤精度

过滤精度是指油液通过过滤器时滤芯能够滤除杂质的最小颗粒的公称尺寸大小。这里需要补充的是,此最小颗粒的过滤效率应大于 95%。不同结构形式的过滤器的过滤精度不同,选择过滤器时应根据液压系统的实际需要进行。

（2）有足够的通油能力

通油能力是指在一定压降和过滤精度下允许通过过滤器的最大流量。不同类型的过滤器可通过的流量有一定的限制,需要时可查阅相关样本和手册。

（3）工作压力和允许压力降

不同结构形式的过滤器允许的工作压力不同,因此选择过滤器时应考虑它的最高工作压力。由于过滤器是利用滤芯上的无数小孔和微小间隙来滤除混在液压油中的杂质,因此液压油通过滤芯时必然有压力降产生。

（4）滤芯便于清洗和更换。

三、油箱

油箱的基本功能有储存工作介质（通常为液压油）,散发系统工作中产生的热量,分离油液中混入的空气,沉淀污染物及杂质,油箱外表面还可用以安装其他系统元件等。油箱设计得好坏直接影响液压系统的工作可靠性,尤其对液压泵的寿命有重要影响。因此,合理设计油箱是一个不可忽视的问题。

1. 液压系统的温升

液压系统的各种能量损失,包括容积损失和机械损失,都转变为热能。热能除一部分通过液压元件和管路的外壁向空气散发外,大部分将使油温升高。上升至某一温度后,散热量和发热量相等,系统油温不再升高,达到热平衡,此时的温度称为热平衡温度。事实上,在开式液压系统中主要用来散热的是油箱的四壁,因此合理选择邮箱的容积可以降低系统的热平衡温度,使油液在正常温度下工作。

2. 油箱容积

油箱的容积必须保证在设备停止运转时,液压系统的油液在自重作用下能全部返回油箱。为了很好地沉淀杂质和分离空气,油箱的有效容积(液面高度只占油箱高度 80% 的油箱容积)一般取为液压泵每分钟排出的油液体积的 2~7 倍,当系统为低压系统时取 2~4 倍,当系统为高压系统时取 5~7 倍,对行走机械一般取 2 倍。

3. 油箱的结构

按油面是否与大气相通,油箱可分为开式油箱和闭式油箱。开式油箱广泛用于一般的液压系统,闭式油箱则用于水下和高空无稳定气压的场合。为了在相同的容量下得到最大的散热面积,油箱外形以立方体或长立方体为宜,油箱的顶盖上有时要安装泵和电机,阀的集成装置有时也安装在箱盖上。油箱一般用钢板焊接而成,顶盖可以是整体的,也可分为几块,油箱底座应在 150mm 以上,以便散热、搬移和放油,油箱四周要有吊耳,以便起吊装运。

知识达标与检测

一、判断题

1. 动力元件不是液压系统的组成部分。　　　　　　　　　　　　　　　(　　)

2. 液压系统的控制元件是控制与调节液压系统中油液的流量、压力和流动方向的装置。　　　　　　　　　　　　　　　　　　　　　　　　　　　(　　)

3. 液压传动系统的优点是可以作为远距离传送。　　　　　　　　　　　(　　)

4. 过滤精度是指油液通过过滤器时滤芯能够滤除杂质的最小颗粒的公称尺寸大小。　　　　　　　　　　　　　　　　　　　　　　　　　　　　(　　)

5. 溢流节流阀的阀体上有两个进油口,一个出油口,一个回油口。　　　(　　)

6. 压力继电器是利用油液压力来启闭电气触点的液压电气转换元件。　　(　　)

7. 在液压系统中,当一个油泵供给多个支路工作时,利用减压阀不能组成不同压力级别的液压回路。　　　　　　　　　　　　　　　　　　　　　　(　　)

8. 叶片马达的体积小,转动惯量小,动作灵敏,可适应的换向频率较低。　(　　)

二、填空题

1. 液压系统的基本组成有_____、_____、_____、_____、_____。

2._____和_____是液压传动系统中的能量转换元件。

3.液压泵每转一周,由其密封容积几何尺寸变化计算而得的排出液体的体积叫_____。

4._____是液压系统中广泛采用的一种液压泵,其主要特点是_____,制造方便,价格低廉,体积小,重量轻,自吸性能好,对油液污染不敏感,工作可靠。

5._____是将多个柱塞配置在一个共同缸体的圆周上,并使柱塞中心线和缸体中心线平行的一种泵。

三、简答题

1.换向阀在液压系统中起什么作用? 通常有哪些类型?

2.单向阀的作用有哪些?

3.液控单向阀的主要用途有哪些?

4.直动式溢流阀与先导式溢流阀的区别是什么?

5.简述节流阀与调速阀的异同点。

项目 2

液压系统基本回路

知识目标

- 能够掌握压力控制回路的基本结构。
- 能够理解多缸动作回路的控制方式及特点。
- 能够熟悉液压传动基本回路使用条件、场合及功能特点。

技能目标

- 能够绘制简单压力控制回路、速度控制回路、多缸动作回路的原理图。
- 能够分析比较液压基本回路的区别,培养分析问题、解决问题的能力。

职业素养

- 培养学生合作与竞争意识、实事求是的科学态度和探索精神。
- 增强学生的安全操作意识,形成严谨认真的工作态度。

任务 1 认识压力控制回路

压力控制回路是利用压力控制阀来控制系统整体或某一部分的压力,达到调压、稳压、减压、增压、卸荷等目的,以满足执行元件对力或转矩的要求的回路,如图 2-1-1 所示为用压力继电器控制的回路。常见的压力控制回路可以分为调压回路、减压回路、卸荷回路、增压回路、保压回路和平衡回路。

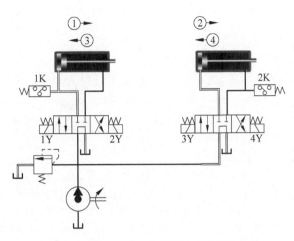

图 2-1-1　用压力继电器控制的回路

一、调压回路

为了使系统的压力与负载相适应并保持稳定或为了安全而限定系统的最高压力,都要用到调压回路。当系统中需要两个以上压力时,则可以采用多级调压回路。

调压回路的作用:

(1) 使液压系统整体或部分的压力保持恒定或不超过某个数值。

(2) 在定量泵系统中,液压泵的工作压力可以通过溢流阀来调节。

(3) 在变量泵中,用安全阀来限定系统的最高压力,防止系统过载。

(4) 若系统中需要两种以上的压力,则可采用多级调压回路。

1. 单级调压回路

如图 2-1-2 所示为单级调压回路,在液压泵 1 出口处设置并联的溢流阀 2,即可组成单级调压回路,从而控制液压系统的最高压力。定量泵系统采用溢流阀来调节液压泵的供油压力。变量泵系统用安全阀来限定系统的最高压力,防止系统过载。

单级调压回路的结构原理:换向阀位于左位时,油缸向右移动为工作行程,工作压力较高;当压力超过最高限压时,溢流阀 2 泄油;换向阀位于右位时,油缸向左移动为返回行程,工作压力较低;当活塞到达油缸底部时,溢流阀 2 在较低压力下开始泄油,功率损耗较小。

2. 二级调压回路

二级调压回路可实现两种不同的压力,有两个溢流阀并联和远程二级调压两种。两个溢流阀并联时,系统压力由调定压力值小的来决定,但是通过两个溢流阀的流量是一样的。远程调压回路是将远程调压阀接在先导式主溢流阀的远程控制口上,相当于远程调压阀与主溢流阀的先导阀并联,当远程调压阀的调定压力小于主溢流阀的调定压力时,系统压力由远程调压阀决定,此时远程调压阀的阀口打开,但只有一小部分油液从此阀口流回油箱;主溢流阀的先导阀阀口关闭,而主阀阀口打开,液压泵输出的油液绝大部分从主溢流阀的主阀阀口溢流流回油箱。二级调压回路如图 2-1-3 所示。

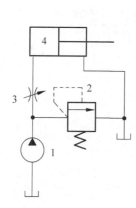

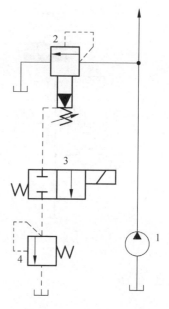

图 2-1-2　单级调压回路　　　　　　　　　　图 2-1-3　二级调压回路

（1）第一级调压

当电磁换向阀不得电时，控制油口的油液压力完全作用在导阀弹簧上，当系统油压升高到大于导阀弹簧弹力时，导阀打开。主阀在上下压力差的作用下打开并开始溢流，此时系统油压由先导式溢流阀决定。

（2）第二级调压

当电磁换向阀得电时，控制油口的油液一边作用在导阀上，另一边作用在直动式溢流阀的主阀上。当油压升高后，直动式溢流阀先打开，将控制油液泄回油箱，此时先导式溢流阀主阀打开并开始溢流，系统油液压力由直动式溢流阀决定。

3. 多级调压回路

在不同的工作阶段，液压系统需要不同的工作压力时，多级调压回路即可实现这种要求。如图 2-1-4 所示为三级调压回路。当系统需多级压力控制时，可将主溢流阀 1 的远控口通过三位四通换向阀 4 接上远程调节阀 2、3，使系统有三种压力调定值：换向阀左位工作时，压力由阀 2 来调定；换向阀右位工作时，系统压力由阀 3 来调定；而换向阀处于中位时为系统的最高压力，由主溢流阀 1 来调定。根据执行元件各工况阶段不同的压力需求，调节输入电液比例溢流阀的电流，液压泵便获得多级调压或无级调压。此回路的调压过程平缓、无冲击，且在工作过程中随时可以调节压力。

4. 连续、按比例进行压力调节的回路

如图 2-1-5 所示为连续、按比例进行压力调节的回路，调节先导型比例电磁溢流阀 1 的输入电流，即可实现系统压力的无级调节，这样不但回路结构简单，压力切换平稳，而且更容易使系统实现远距离控制或程控。该调压回路又称为无级调压回路，调节先导型比例电磁溢流阀的输入电流，即可实现系统压力的无级调节。回路结构简单，压力切换平

稳,容易实现远程控制。

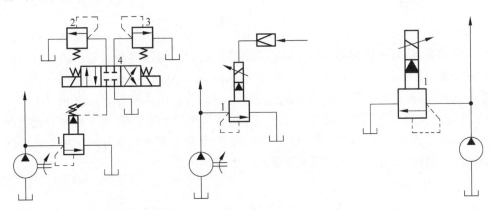

图 2-1-4 三级调压回路

图 2-1-5 连续、按比例进行
压力调节的回路

二、减压回路

液压机床的工件定位、夹紧、导轨等的润滑及液压系统的控制油路,在工作中往往需要稳定的低压,为此可以采用减压回路。

如图 2-1-6(a)所示为一种常用的一级减压回路。泵的供油压力根据工作油路上负载的大小由溢流阀 1 调定,夹紧缸所需的低压油则靠减压阀 2 来调节。单向阀 3 的作用是在工作油路的压力降低到小于减压阀调整压力时,使夹紧油路和工作油路隔开,实现短时间保压。如图 2-1-6(b)所示为一种二级减压回路。它是在先导式减压阀 2 的遥控油路上接入调压阀 3 来使减压回路获得两种预定的压力:在图示位置上,减压阀出口处的压力由先导式减压阀 2 调定;当换向阀电磁铁通电时,减压阀 2 出口处的压力改由阀 3 所调定的较低的压力值。减压回路也可以采用比例减压阀来实现无级减压。

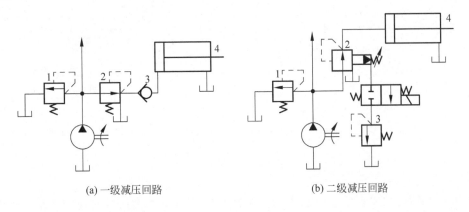

(a) 一级减压回路

(b) 二级减压回路

图 2-1-6 减压回路

三、卸荷回路

卸荷就是在不停止电机转动的状态下,使泵的功率损耗接近于零。因为功率等于流量与压力的乘积,故其中任意参数为零即可达到卸荷目的。卸荷回路的功用是在执行元件短时间停止工作期间,无须频繁启闭驱动的电机,而使泵在很小的输出功率下运转,从而降低系统发热,延长液压泵和电机的使用寿命。因泵的输出功率等于压力和流量的乘积,故卸荷有流量卸荷和压力卸荷两种方法。流量卸荷法用于变量泵,使泵仅为补偿泄漏而以最小流量运转,此方法简单,但泵处于高压状态,磨损较严重;压力卸荷法是将泵的出口直接接回油箱,使液压泵在零压或很低压力下运转。

1. 换向阀卸荷回路

如图 2-1-7 所示为采用 M 型中位机能的电液换向阀的卸荷回路,这种回路切换时压力冲击小,但回路中必须设置单向阀,以使系统能保持 0.3MPa 左右的压力,供操纵控制油路之用。M、H 和 K 型中位机能的三位换向阀处于中位时,泵即卸荷。

2. 用先导式溢流阀卸荷回路

如图 2-1-8 所示,使先导式溢流阀的远程控制口直接与二位二通电磁阀相连,便构成一种用先导式溢流阀的卸荷回路,这种卸荷回路卸荷压力较小,切换时冲击也较小。将先导式溢流阀的遥控口接油箱,可使液压泵卸荷。在实际应用中,常采用电磁溢流阀组成卸荷回路,此时管路连接可更简便。

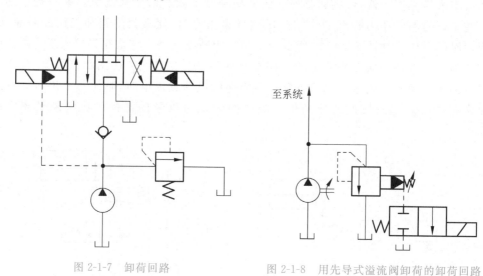

图 2-1-7　卸荷回路　　　　　　　　图 2-1-8　用先导式溢流阀卸荷的卸荷回路

3. 二通插装阀卸荷回路

由于二通插装阀通流能力大,因而这种卸荷回路适用于大流量的液压系统。正常工作时,泵压力由阀 1 调定。当二位四通电磁阀 2 通电后,主阀上腔接通油箱,主阀口安全打开,泵即卸荷,如图 2-1-9 所示。

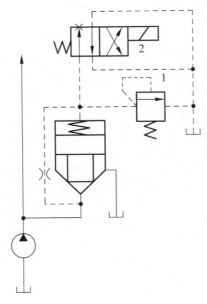

图 2-1-9 二通插装阀卸荷回路

四、增压回路

当液压系统中的某一支油路需要压力较高但流量又不大的压力油,若采用高压泵既不经济,又造成能量损耗大,或者根本就没有这样高压力的液压泵时,就要采用增压回路。这样系统的工作压力较低,因而节省能源,而且系统工作可靠、噪声小。增压回路可以提高系统中某一支路的工作压力,以满足局部工作机构的需要。采用增压回路,液压系统可以利用压力较低的液压泵,来获得较高压力的压力油。增压回路中实现油液压力放大的主要元件是增压缸。

1. 单作用增压缸的增压回路

当系统在如图 2-1-10 所示位置工作时,系统的 p_1 供油进入增压缸的大活塞腔,此时在小活塞腔即可得到所需要的较高压力 p_2。当二位四通电磁换向阀右位接入系统时,增压缸返回,辅助油箱中的油液经单向阀补入小活塞腔。该回路只能间歇增压,所以称为单作用增压回路。单作用增压缸的增压回路不能获得连续高压油,因此只适用于液压缸需要较大的单向作用力、行程小而作业时间短的液压系统中。

2. 双作用增压缸的增压回路

如图 2-1-11 所示为双作用增压缸的增压回路,它能连续输出高压油,适用于增压行程要求较长的场合。液压泵输出的压力油经换向阀 5 和单向阀 1 进入增压缸左端大、小活塞腔,右端大活塞腔的回油通油箱,右端小活塞腔增压后的高压油经单向阀 4 输出,此时单向阀 2、3 被关闭。当增压缸运动到右端时,换向阀 5 通电换向,增压缸活塞向左运动。同理,左端小活塞腔输出的高压油经单向阀 3 输出。这样,增压缸的活塞不断往复运动,两端便交替输出高压油,从而实现了连续增压。

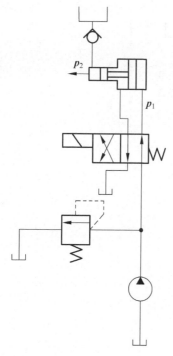

图 2-1-10　单作用增压缸的增压回路

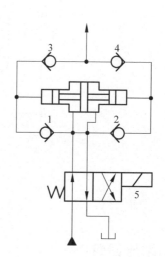

图 2-1-11　双作用增压缸的增压回路

五、保压回路

保压回路是在液压缸不动或因工件变形而产生微小位移的工况下保持系统压力稳定不变的回路。保压性能的两个主要指标为保压时间和压力的稳定性。

如图 2-1-12 所示为采用液控单向阀和电接触式压力表自动补油的保压回路。当换向阀 2 右位接入回路时，活塞下降加压，当压力达到保压要求的调定值时电接触式压力表 4 发出电信号，使阀切换至中位，液压泵卸荷，液压缸上腔由液控单向阀 3 保压。当压力下降到预定值时，电接触压力表又发出电信号并使阀 2 向右接入回路，液压泵又向液压缸供油并使压力回升，实现补油保压。当换向阀左位接入回路时，阀 3 打开，活塞向上快速退回。这种保压回路保压时间长，压力稳定性高。

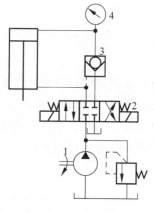

如果需要保压的时间更长，压力稳定性高的系统，可采用蓄能器来保压，用蓄能器中的压力油来补偿回路中的泄漏而保持其压力。这种保压回路的保压性能好，工作可靠，压力稳定。另外还可采用压力补偿变量泵来保压。

图 2-1-12　保压回路

六、平衡回路

为了防止立式液压缸及工作部件因重力而自行下落,或在下行运动中由于自重而造成失控超速的不稳定运动,可在活塞下行的回油路上增设适当的阻力,以平衡自重,这种回路称为平衡回路。

1. 采用单向顺序阀的平衡回路

如图 2-1-13(a)所示为采用单向顺序阀的平衡回路。调整顺序阀的开启压力,使其与液压缸下腔作用面积的乘积稍大于垂直运动部件的重力,即可防止活塞因重力而下滑。这种平衡回路在活塞下行时,回油腔有一定的背压,运动平稳,但顺序阀调整压力调定后,若工作负载减小,系统的功率损失将增大。又由于滑阀结构的顺序阀和换向阀存在泄漏,活塞不可能长时间停在任意位置,故该回路适用于工作负载固定且活塞锁紧要求不高的场合。

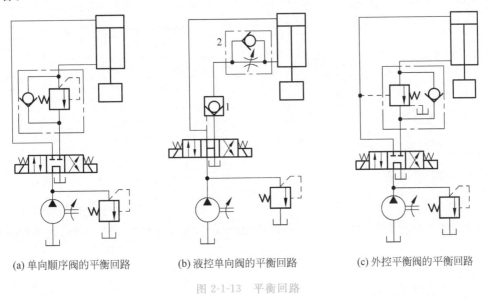

(a) 单向顺序阀的平衡回路　　　(b) 液控单向阀的平衡回路　　　(c) 外控平衡阀的平衡回路

图 2-1-13　平衡回路

2. 采用液控单向阀的平衡回路

如图 2-1-13(b)所示为采用液控单向阀的平衡回路。由于液控单向阀是锥面密封,泄漏极小,因此其闭锁性能好。回油路上串联单向节流阀 2,用于防止活塞下行时的冲击,也可控制流量,起到调速作用。若回油路上没有节流阀,活塞下行时液控单向阀 1 被进油路上的控制油打开,回油腔没有背压,运动部件由于自重而加速下降,造成液压缸上腔供油不足,液控单向阀因控制油路失压而关闭,关闭后控制油路又建立起压力,液控单向阀 1 又被打开,阀 1 时开时闭,使活塞在向下运动过程中产生振动和冲击。单向节流阀可防止活塞运动时产生振动和冲击。

如图 2-1-13(c)所示为采用外控平衡阀的平衡回路。在背压不太高的情况下,活塞因自重而加速下降,活塞上腔因供油不足压力降低,外控平衡阀阀口关小,回油背压相应上升,支承和平衡重力负载的作用增强,从而使阀口的开度能自动适应不同负载对背压的要求,保证了活塞下降速度的相对稳定。当换向阀处于中位时,泵卸荷,平衡阀外控口压力为零,阀口自动关闭。由于这种平衡阀的阀芯有很好的密封性,故能起到长时间对活塞进行闭锁和定位的作用。

任务 2   认识速度控制回路

速度控制回路是调节和变换执行元件运动速度的回路,速度控制回路如图 2-2-1 所示。液压传动系统中的速度控制回路包括调速回路、快速运动回路及速度换接回路。

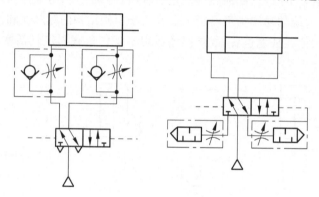

图 2-2-1   速度控制回路

一、调速回路

调速回路是用来调节执行元件工作行程速度的回路。改变输入液压执行元件的流量 Q 或改变液压缸的有效面积 A(或液压马达的排量 V)可以达到改变执行元件运动速度的目的。

液压系统的调速回路有以下三种。

(1)节流调速回路

节流调速回路是用定量泵供油,由流量控制阀调节流量实现调节速度。

(2)容积调速回路

容积调速回路是改变变量泵的流量或改变变量马达的排量以实现调节速度。

(3)容积节流调速回路

容积节流调速回路采用变量泵和流量控制阀相配合的调速方法,又称联合调速。

1. 节流调速回路

节流调速回路的工作原理是通过改变回路中流量阀通流截面积的大小来控制流入或流出执行元件的流量,以调节运动速度。节流调速回路由定量泵、流量阀(节流阀、调速阀等)、溢流阀、执行元件组成。其中流量阀起流量调节作用,溢流阀起调定压力作用。节流调速回路结构简单,成本低,维修方便,在机床液压系统中广泛应用。但其能量损失大,效率低,发热多,一般只用于小功率的场合。

　　按流量阀安放位置的不同可以把节流调速回路分为进油节流调速回路（将流量阀串联在液压泵与液压缸之间）、回油节流调速回路（将流量阀串联在液压缸与油箱之间）和旁路节流调速回路（将流量阀安装在液压缸并联的支路上）。

　　下面介绍这三种节流调速回路。

　　（1）进油节流调速回路

　　如图2-2-2所示，节流阀串联在液压泵和液压缸之间。液压泵输出的油液一部分经节流阀进入液压缸工作腔，推动活塞运动，液压泵多余的油液经溢流阀排回油箱，这是进油节流调速回路能够正常工作的必要条件。由于溢流阀有溢流，泵出口压力 p_P 就是溢流阀的调整压力并基本保持恒定（定压）。调节节流阀的流通面积，即可调节通过节流阀的流量，从而调节液压缸的运动速度。节流阀串联在液压泵和执行元件之间，如图2-2-2所示为采用节流阀的液压缸进油节流调速回路。节流阀控制进入液压缸的流量，以达到调速的目的。定量泵多余的油液通过溢流阀流回油箱，泵的出口压力 p_P 为溢流阀的调整压力并基本保持恒定。在这种调速回路中，节流阀和溢流阀联合使用才能起调速作用。

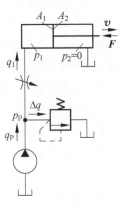

图 2-2-2　进油节流调速回路

　　（2）回油节流调速回路

　　如图2-2-3所示，节流阀串联在液压缸的回油路上，借助节流阀控制液压缸的排油量 q_2 来实现速度调节。由于进入液压缸的流量 q_1 受到回油路上排油量 q_2 的限制，因此节流阀来调节液压缸的排油量 q_2 也就调节了进油量 q_1，定量泵多余的油液仍经溢流阀流回油箱，溢流阀调整压力（p_P）基本稳定。

　　（3）旁路节流调速回路

　　如图2-2-4所示，节流阀装在与液压缸并联的支路上，节流阀调节了液压泵溢流回油箱的流量，从而控制了进入液压缸的流量，调节节流阀的通流面积，即可实现调速，由于溢流已由节流阀承担，故溢流阀实际上是安全阀，常态时关闭，过载时打开，其调定压力为最大工作压力的 1.1~1.2 倍，故液压泵工作过程中的压力完全取决于负载而不恒定，所以这种调速方式又称变压式节流调速。

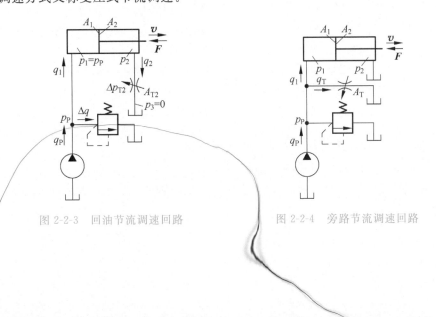

图 2-2-3　回油节流调速回路　　　　　　图 2-2-4　旁路节流调速回路

2. 容积调速回路

节流调速回路的主要缺点是效率低,发热多,故只适用于小功率液压系统中,而采用变量泵或变量马达的容积调速回路,因无溢流损失和节流损失,故效率高,发热少。因此,容积调速回路应用得到较高的重视。

(1) 根据油路的循环方式不同。

① 开式回路即通过油箱进行油液循环的油路。泵从油箱吸油,执行元件的回油仍返回油箱。开式回路的优点是油液在油箱中便于沉淀杂质、析出气体,并得到良好的冷却。主要缺点是空气易侵入油液,致使运动不平稳,并产生噪声。

② 闭式油路无油箱,泵吸油口与执行元件回油口直接连接,油液在系统内封闭循环。优点是油气隔绝,结构紧凑,运动平稳,噪声小;缺点是散热条件差。容积调速回路无溢流,这是构成闭式回路的必要条件。为了补偿泄漏以及由于执行元件进、回油腔面积不等所引起的流量之差,闭式回路需要设辅助补油泵,与之配套还设一溢流阀和一小油箱。

(2) 根据液压泵和液压马达(或液压缸)组合方式不同。

① 变量泵和定量液压马达组成的容积调速回路。

如图 2-2-5(a)所示为变量泵和液压缸组成的开式容积调速回路,如图 2-2-5(b)所示为变量泵和定量液压马达组成的闭式容积调速回路。这两种调速回路都是采用改变变量泵的输出流量来调速的。工作时,溢流阀关闭,作安全阀用。在图 2-2-5(b)的回路中,泵1是补油辅助泵。辅助泵供油压力由溢流阀 6 调定。在回路中,泵的输出流量全部进入液压马达。

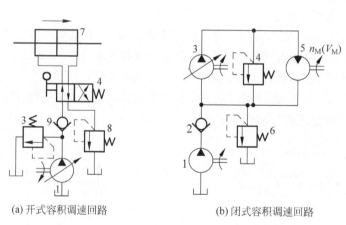

(a) 开式容积调速回路　　　　(b) 闭式容积调速回路

图 2-2-5　变量泵和定量液压马达组成的容积调速回路

② 定量泵和变量液压马达组成的容积调速回路。

定量泵和变量液压马达组成的调速回路如图 2-2-6 所示。定量泵的输出流量不变,调节变量液压马达的排量 V_M,便可改变其转速。图中液压马达的旋转方向是由换向阀 3 来改变的。

③ 变量泵和变量液压马达组成的容积调速回路。

如图 2-2-7 所示为采用双向变量泵和双向变量马达组成的容积调速回路。变量泵 1 正向或反向供油，马达即正向或反向旋转。单向阀 6 和 9 用于使辅助泵 4 双向补油，单向阀 7 和 8 使安全阀 3 在两个方向都能起过载保护作用。这种调速回路是上述两种调速回路的组合，由于液压泵和液压马达的排量均可改变，故扩大了调速范围，并扩大了液压马达转矩和功率输出的选择余地。

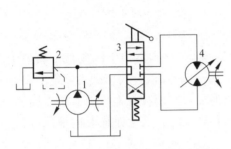

图 2-2-6 定量泵和变量液压马达组成的容积调速回路

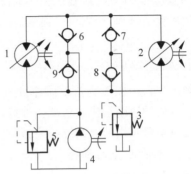

图 2-2-7 双向变量泵和双向变量马达组成的容积调速回路

3. 容积节流调速回路

容积调速回路，虽然具有效率高，发热少的优点，但随着负载增加，容积效率将下降，速度发生变化，尤其低速时稳定性更差，因此有些机床的进给系统，为了减少发热并满足速度稳定性的要求，常采用容积节流调速回路。这种回路的特点是效率高，发热少，速度刚性比容积调速好。

容积节流调速回路采用压力补偿泵供油，用调速阀或节流阀调节进入或流出液压缸的流量，以调节液压缸的速度并使变量泵的供油量始终随流量控制阀调定流量作相应的变化。

容积节流调速回路特点：这种回路只有节流损失无溢流损失，效率较高，速度稳定性比容积调速回路好。

常用的限压式变量泵与调速阀组成的容积节流调速回路如图 2-2-8 所示。

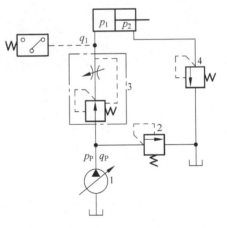

图 2-2-8 容积节流调速回路

二、快速运动回路

快速运动回路的功用在于使执行元件获得必要的高速，以提高系统的工作效率或充分利用功率。

1. 液压缸差动连接快速运动回路

如图 2-2-9 所示为液压缸差动连接快速运动回路,将液压缸进油腔、回油腔合在一起,活塞将快速向右运动,在差动回路中,阀和管道应按合成流量来选择规格,否则会导致压力损失过大,泵空载时压力过高。

液压缸差动连接快速运动回路的应用:回路结构简单,应用广泛,但液压缸的加速受限,常需要和其他方法联合使用。值得注意的是,在差动回路中,阀和管道规格应按差动时的较大流量选用,否则压力损失过大,严重时使溢流阀在快进时也开启,系统无法正常工作。

2. 双泵供油快速运动回路

如图 2-2-10 所示为双泵供油快速运动回路,在回路中,高压小流量泵 1 和低压大流量泵 2 组成的双联泵作动力源。外控顺序阀 3(卸荷阀)和溢流阀 7 分别调定双泵供油和小流量泵 1 单独供油时系统的最高工作压力。当主换向阀 4 在左位或右位工作时,换向阀 6 电磁铁通电,这时系统压力低于卸荷阀 3 的调定压力,两个泵同时向液压缸供油,油缸快速向左(或向右)运动。当快进完成后,阀 6 断电,缸的回油经过节流阀 5,因流动阻力增大而引起系统压力升高。当卸荷阀的外控油路压力达到或超过卸荷阀的调定压力时,大流量泵通过阀 3 卸荷,单向阀 8 自动关闭,只有小流量泵 1 向系统供油,液压缸慢速运动。卸荷阀的调定压力至少应比溢流阀的调定压力低 $10\% \sim 20\%$。

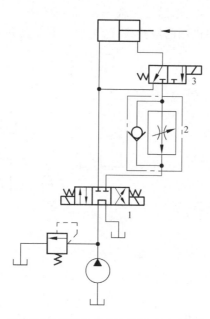

图 2-2-9 液压缸差动连接快速运动回路

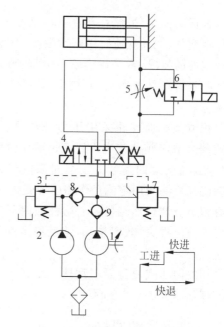

图 2-2-10 双泵供油快速运动回路

3. 增速缸的增速回路

如图 2-2-11 所示为增速缸的增速回路,增速缸由活塞缸与柱塞缸复合而成。当换向阀处于左位,压力油经柱塞孔进入增速缸小腔 B,推动活塞快速向右移动,大腔 A 产生部分真空,所需油液由充液阀 3 从油箱吸取,活塞缸右腔油液经换向阀流回油箱。当执行元件接触工件后,工作压力升高,顺序阀 4 开启,高压油关闭充液阀 3,并同时进入增速缸的大小腔 A、B,活塞转换成慢速运动,且推力增大。当换向阀处于右位,压力油进入活塞缸右腔,同时打开充液阀 3,大腔回油排回油箱,活塞快速向左退回。

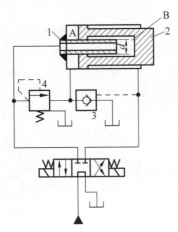

图 2-2-11 增速缸的增速回路

1—柱塞缸;2—活塞缸;3—充液阀;4—顺序阀

三、速度换接回路

速度换接回路的功用是使液压执行元件在一个工作循环中从一种运动速度变换到另一种运动速度。实现这种功能的回路应该具有较高的速度换接平稳性。

1. 快速与慢速的换接回路

如图 2-2-12 所示为快速与慢速的换接回路,在该状态下,液压缸快进,当活塞所连接的挡块压下行程阀 6 时,行程阀关闭,液压缸右腔的油液必须通过节流阀 5 才能流回油箱,活塞运动速度转变为慢速工进;当换向阀左位接入回路时,压力油经单向阀 4 进入液压缸右腔,活塞快速向右返回。

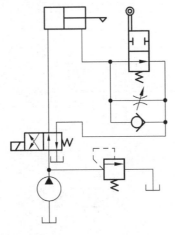

图 2-2-12 快速与慢速的换接回路

2. 两种慢速的换接回路

若两个调速阀并联,如图 2-2-13(a)所示,由换向阀实现换接,两个调速阀可以独立地调节各自的流量,互不影响。但是一个调速阀工作时另一个调速阀内无油通过,它的减压阀不起作用而处于最大开口状态,因而速度换接时大量油液通过该处将使机床工作部件产生突然前冲现象。

若两调速阀串联,如图 2-2-13(b)所示,当主换向阀 D 左位接入系统时,调速阀 B 被换向阀 C 短接,输入液压缸的流量由调速阀 A 控制。当阀 C 右位接入回路时,由于通过调速阀 B 的流量调得比 A 小,因此输入液压缸的流量由调速阀 B 控制。在这种回路中,调速阀 A 一直处于工作状态,它在速度换接时限制着进入调速阀 B 的流量,因此它的速度换接平稳性比较好,但由于油液经过两个调速阀,因此能量损失比较大。

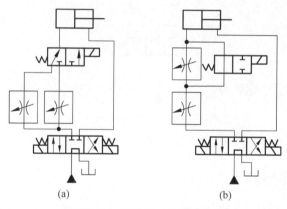

(a)　　　　　　　　　　(b)

图 2-2-13　两种慢速的换接回路

任务 3　认识多缸动作回路

在液压系统中,由一个油源向多个液压缸供油时,可节省液压元件和电机,合理利用功率。但各执行元件间会因回路中的压力、流量的相互影响在动作上受到牵制,可以通过压力、流量和行程控制来实现多个执行元件预定动作的要求。多缸动作回路如图 2-3-1 所示。

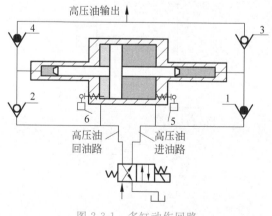

图 2-3-1　多缸动作回路

一、顺序动作回路

顺序动作回路的功用在于使多个执行元件严格按照预定顺序依次动作,按控制方式不同,分为行程控制和压力控制两种。

1. 行程控制的顺序动作回路

行程控制利用执行元件到达一定位置时发出控制信号,控制执行元件的先后动作顺序。

(1) 用行程开关控制的顺序动作回路

如图 2-3-2 所示为采用行程开关控制电磁换向阀的顺序回路。按启动按钮,电磁铁 1Y 得电,缸 1 活塞先向右运动,当挡块压下行程开关 2S 后,使电磁铁 2Y 得电,缸 2 活塞向右运动,直到压下 3S,使 1Y 失电,缸 1 活塞向左退回,而后压下行程开关,使 2Y 失电,缸 2 活塞再退回。在这种回路中,调整挡块位置可调整液压缸的行程,通过电气系统可任意地改变动作顺序,方便灵活,应用广泛。

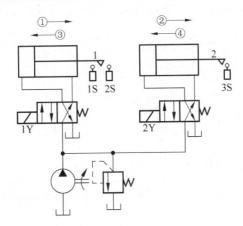

图 2-3-2　用行程开关控制的顺序动作回路

(2) 采用行程阀控制的顺序动作回路

如图 2-3-3 所示为采用行程阀控制的行程回路。图示位置两液压缸活塞均退至左端点。电磁阀 3 左位接入回路后,缸 1 活塞先向右运动,当挡块压下行程阀 4 后,缸 2 活塞才向右运动,电磁阀 3 接入回路,缸 1 活塞先退回,其挡块离开行程阀 4 后,缸 2 活塞才退回。这种回路动作可靠,但要改变动作顺序较困难。

2. 压力控制的顺序动作回路

压力控制是利用液压系统工作过程中的压力变化使执行机构按顺序先后动作。

(1) 用顺序阀控制的顺序动作回路

如图 2-3-4 所示为用顺序阀控制的顺序回路,其工作过程:液压油经减压阀、单向阀和二位四通换向阀的交叉回路后,油路分为两支。因为将顺序阀的压力调到比液压缸 A 定位所需的压力高,所以液压油首先进入液压缸的上腔,向下推动活塞完成定位动作。定位动作完成以后,油的压力升高,顺序阀打开,压力油进入液压缸 B(夹紧缸)的上腔,推动

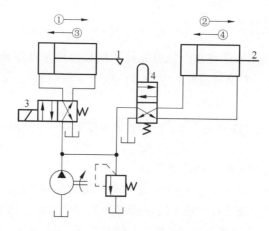

图 2-3-3   用行程阀控制的顺序回路

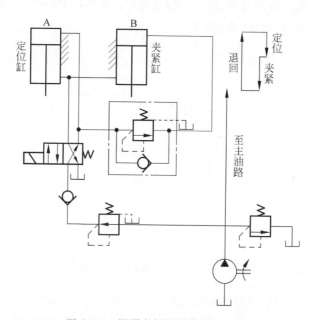

图 2-3-4   用顺序阀控制的顺序回路

其活塞下行,完成其夹紧动作。加工完毕后,电磁换向阀换向,两个液压缸同时返回。该回路的优点是结构简单,动作可靠,便于调整。

(2)压力继电器控制的顺序动作回路

如图 2-3-5 所示为用压力继电器实现顺序动作的顺序回路。按启动按钮,使 1YA 得电,换向阀 1 左位工作,液压缸 7 的活塞向右移动,实现动作顺序①;到右端后,液压缸 7 左腔压力上升,达到压力继电器 3 的调定压力时发出信号,使电磁铁 1YA 断电,3YA 得电,换向阀 2 左位工作,压力油进入液压缸 8 的左腔,其活塞右移,实现动作顺序②;到行程端点后,液压缸 8 左腔压力上升,达到压力继电器 5 的调定压力时发出信号,使电磁铁 3YA 断电,4YA 得电,换向阀 2 右位工作,压力油进入液压缸 8 的右腔,其活塞左移,实现动作顺序③;到行程端点后,液压缸 8 右腔压力上升,达到压力继电器 6 的调定压力时发出信号,使电磁铁 4YA 断电,2YA 得电,换向阀 1 右位工作,液压缸 7 的活塞向左退回,实现动作顺序④;到左端后,液压缸 7 右端压力上升,达到压力继电器 4 的调定压力时发出信号,使电磁铁 2YA 断电,1YA 得电,换向阀 1 左位工作,压力油进入液压缸 7 的左腔,自动重复上述动作循环,直到按下停止按钮为止。

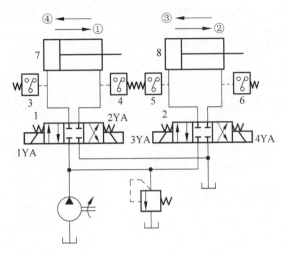

图 2-3-5 用压力继电器控制的顺序回路

二、同步回路

在多缸工作的液压系统中,常常会遇到要求两个或两个以上的执行元件同时动作的情况,并要求它们在运动过程中克服负载、摩擦阻力、泄漏、制造精度和结构变形上的差异,维持相同的速度或相同的位移,即做同步运动。使两个或两个以上液压缸在运动中保持相同位移或相同速度的回路,称为同步回路。

1. 串联液压缸的同步回路

如图 2-3-6 所示为带补偿装置的串联缸同步回路的顺序回路。当两缸同时下行时,若液压缸 5 活塞先到达行程端点,则挡块压下行程开关 1S,电磁铁 3YA 得电,换向阀 3 左位投入工作,压力油经换向阀 3 和液控单向阀 4 进入液压缸 6 上腔,进行补油,使其活塞继续下行到达行程端点。如果液压缸 6 活塞先到达端点,行程开关 2S 使电磁铁 4YA 得电,换向阀 3 右位投入工作,压力油进入液控单向阀控制腔,打开阀 4,液压缸 5 下腔与油箱接通,使其活塞继续下行到行程端点,从而消除累积误差。这种回路允许较大偏载,偏载所造成的压差不影响流量的改变,只会导致微小的压缩和泄漏,因此同步精度较高,回路效率也较高。应注意的是,这种回路中泵的供油压力至少是两个液压缸工作压力之和。

2. 采用调速阀的同步回路

如图 2-3-7 所示为采用调速阀的同步回路,其中两个并联的液压缸,两个调速阀 2 和 4 分别调节两液压缸 5 和 6 活塞的运动速度。由于调速阀具有当外负载变化时仍然能够保持流量稳定这一特点,所以只要仔细调整两个调速阀开口的大小,就能使两个液压缸保持同步。这种回路结构简单,但调整比较麻烦,同步精度不高,不宜用于偏载或负载变化比较频繁的场合。采用分流集流阀(同步阀)代替调速阀来控制两液压缸的进入或流出的流量,可使两液压缸在承受不同负载时仍能实现速度同步。由于同步作用靠分流阀自动调整,使用较为方便,但效率低,压力损失大。

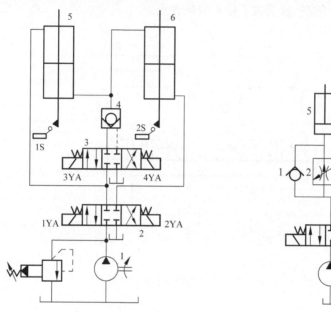

图 2-3-6　带补偿装置的串联缸同步回路的顺序回路　　图 2-3-7　采用调速阀的同步回路

3. 采用电液比例调速阀控制的调速回路

如图 2-3-8 所示为采用电液比例调速阀控制的调速回路。回路中使用了一个普通调速阀 1 和一个电液比例调速阀 2,它们分别装在由 4 个单向阀组成的桥式回路中。调速阀 1 控制液压缸 3 的运动,电液比例调速阀 2 控制液压缸 4 的运动。图示接法使调速阀和电液比例调速阀能够在两个方向上使两液压缸保持同步。当两活塞出现位置误差时,检测装置就会发出电信号,调节比例调速阀的开度,使两缸继续保持同步。

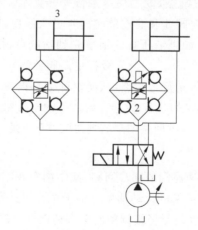

图 2-3-8　采用电液比例调速阀控制的调速回路

三、互不干扰回路

这种回路的功用是使系统中几个执行元件在完成各自工作循环时彼此互不影响。如图 2-3-9 所示为多缸快慢互不干扰回路,通过双泵供油系统供油来实现多缸快慢速互不干扰的回路。液压缸 1 和 2 各自要完成"快进—慢进—快退"的自动工作循环。当电磁铁 1YA、2YA 得电,两缸均由大流量泵 10 供油,并作差动连接实现快进。如果缸 1 先完成快进,挡块和行程开关使电磁铁 3YA 得电,1YA 失电,大泵进入缸 1 的油路被切断,而改为小流量泵 9 供油,由调速阀 7 获得慢速工进,不受缸 2 快进的影响。当两缸均转为工进,都由小泵 9 供油后,若缸 1 先完成了工进,电磁铁 1YA、3YA 都得电,缸 1 改由大泵 10 供油,使活塞快速返回,这时缸 2 仍由泵 9 供油继续完成工进,不受缸 1 影响。当所有电磁铁都失电时,两缸都停止运动。此回路采用快、慢速运动各由一个泵供油的方式。

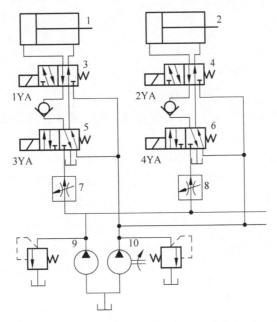

图 2-3-9　多缸快慢互不干扰回路

知识达标与检测

一、判断题

1. 压力控制回路是利用压力控制阀来控制系统整体或某一部分的压力,达到调压、稳压、减压、增压、卸荷等目的,以满足执行元件对力或转矩的要求的回路。　　（　　）

2. 当系统中需要两个以上压力时,不可以采用多级调压回路。　　（　　）

3. 二级调压回路可实现多种不同系统压力控制,有两个溢流阀并联和远程二级调压等多种。　　（　　）

4. 液压机床的工件定位、夹紧、导轨等的润滑及液压系统的控制油路,在工作中往往

需要稳定的低压,为此可以采用多级调压回路。　　　　　　　　　　　　　　　（　　）

　　5. 双作用增压缸的增压回路不能获得连续高压油,因此只适用于液压缸需要较大的单向作用力、行程小而作业时间短的液压系统中。　　　　　　　　　　　　　　　（　　）

　　6. 节流调速回路的主要缺点是效率低,发热多,故只适用于小功率液压系统中,而采用变量泵或变量马达的容积调速回路,因无溢流损失和节流损失,故效率高,发热少。
　　　　　　　　　　　　　　　　　　　　　　　　　　　　　　　　　　　　（　　）

　　7. 容积节流调速回路采用压力补偿泵供油,用调速阀或节流阀调节进入或流出液压缸的流量,以调节液压缸的速度,并使变量泵的供油量始终随流量控制阀调定流量作相应的变化。　　　　　　　　　　　　　　　　　　　　　　　　　　　　　　　（　　）

　　8. 行程控制是利用执行元件到达一定位置时发出控制信号,控制执行元件的先后动作顺序。　　　　　　　　　　　　　　　　　　　　　　　　　　　　　　　　　（　　）

二、填空题

　　1. 常见的压力控制回路可以分为 _____、_____、_____、_____、_____、_____六种。

　　2. 第一级调压当电磁换向阀_____时,控制油口的油液压力完全作用在导阀弹簧上,当系统油压升高到_____时,导阀打开。

　　3. _____回路结构简单,压力切换平稳,而且更容易使系统实现远距离控制或程控。

　　4. 卸荷就是在不停止电机转动的状态下,使泵的_____。

　　5. _____可以提高系统中某一支路的工作压力,以满足局部工作机构的需要。_____是在液压缸不动或因工件变形而产生微小位移的工况下保持系统压力稳定不变的回路。

　　6. 液压系统的调速方法有_____、_____、_____三种。

三、简答题

　　1. 压力控制回路的主要组成有哪些?

　　2. 简述调压回路的主要作用。

　　3. 简述调速回路的几种方式,并分别作比较。

　　4. 简述多缸动作回路的作用。

　　5. 简述液压缸差动连接快速运动回路的特点。

　　6. 试分析行程开关控制的顺序动作回路的结构原理。

项目 3

液压系统安装调试及故障排除

 知识目标

- 能够理解液压系统安装的相关流程。
- 能够掌握液压系统维护与保养的注意事项。
- 能够理解液压系统故障诊断的步骤及方法。

 技能目标

- 能够进行简单液压系统的使用和维护。
- 能够诊断液压系统的故障并进行故障排除。

 职业素养

- 培养严谨细致、一丝不苟、实事求是的科学态度和探索精神。
- 增强安全操作意识,形成严谨认真的工作态度。

任务 1 液压系统安装与调试

随着科技步伐的加快,液压技术在各个领域中得到了广泛应用,液压系统已成为主机设备中最关键的部分之一。但是,由于设计、制造、安装、使用和维护等方面的因素,影响了液压系统的正常运行。现代设备越来越多地采用液压技术,液压系统合理设计,是保证设备正常工作的先决条件。可是对于任何一个设计合理的液压系统,如果安装调试不正确或使用维护不当,就会出现各种故障,不能长期发挥和保持其良好的工作性能。因此,要想使液压设备经常处于良好的工作状态,就需要正确地使用维护并及时排除故障。

一、液压系统的安装

液压系统是由各种液压元件和附件组成并排布在设备各部位。液压系统安装是否安全可靠、合理和整齐,对液压系统的工作性能有很大的影响,因此,必须加以重视,认真做好各项工作。

1. 安装前的准备工作

(1)明确安装现场施工程序及施工进度方案。

(2)熟悉安装图样,掌握设备分布及设备基础情况。

(3)落实好安装所需人员、机械、物资材料的准备工作。

(4)做好液压设备的现场交货验收工作,根据设备清单进行验收。通过验收掌握设备名称、数量、随机备件、外观质量等情况,发现问题及时处理。

(5)根据设计图纸对设备基础和预埋件进行检查,对液压设备地脚尺寸进行复核,对不符合要求的地方进行处理,防止影响施工进度。

2. 液压设备的就位

(1)液压设备应根据平面布置图对号吊装就位,大型成套液压设备,应由里向外依次进行吊装。

(2)根据平面布置图测量调整设备安装中心线及标高点,可通过调整安装螺栓旁的垫板达到将设备调平找正,达到图纸要求。

(3)由于设备基础相关尺寸存在误差,需在设备就位后进行微调,保证泵吸油管处于水平、正直对接状态。

(4)油箱放油口及各装置集油盘放污口应在设备微调时给予考虑,应是设备水平状态时的最低点。

(5)应对安装好的设备做适当防护,防止现场脏物污染系统。

3. 液压元件的安装

安装时一般按先下后上、先内后外、先难后易、先精密后一般的顺序进行。

(1)液压泵和液压马达的安装

液压泵、液压马达与电动机、工作机构间的同轴度偏差应在 0.1mm 以内,轴线间倾角不大于 1°。其基座应有足够的刚度,并连接牢固以防振动。同时泵与马达的旋转方向及进、出油口方向不得接反。

(2)油液缸的安装

安装时,先要检查活塞杆是否弯曲,要保证活塞杆的轴线与安装基面或运动部件导轨面的平行度要求。

(3)各种阀类元件的安装(以板式阀为例)

方向阀一般应保持轴线水平安装;各油口的位置不能接反和错接,各油口处的密封圈在安装后应有一定的预压缩量以防泄漏；固定螺钉应对角逐次均匀拧紧，最后使元件的安装平面与底板或集成块安装平面全部接触。

（4）其他辅件的安装

辅助元件安装的好坏也会严重影响液压系统的正常工作，不容疏忽。要严格按设计要求的位置进行安装，并注意整齐、美观，在符合设计要求的情况下，尽量考虑使用、维护和调整的方便。

4. 管路的安装

全部管路应分为两次安装，即预安装→耐压试验→拆散→酸洗→正式安装→循环冲洗→组成系统。安装时应注意：

（1）布置平直整齐，减少长度和转弯。这样既美观、检修方便，也减少了沿程压力损失和局部压力损失。对于较复杂的油路系统，为避免检修拆卸后重装时接错，要涂色区别或在接头处加上编号。平行及交叉的管道间距离应至少在 10mm 以上。

（2）硬管较长时刚性较差，应保持适当距离并用管夹固定，防止振动和减小噪声。较长的软管也应适当固定，防止磨损。

（3）吸油管要保证密封良好，防止吸入空气。吸油管上的滤油器工作条件较差，要定期清洗更换，安装时要考虑拆卸方便。

（4）回油管不可露于油面上，应插入油面以下足够深度，否则会引起飞溅、激起泡沫。回油管口要切成 45°斜角并朝箱壁以扩大通流面积，并远离进油口。

（5）泄油管路应单独设置，保持通畅，且不插入油中，避免产生背压，影响有关元件的灵敏度。

5. 管路的循环冲洗

管路用油进行循环冲洗，是管路施工中又一重要环节。管路循环冲洗必须在管路酸洗和二次安装完毕后的较短时间内进行。其目的是清除管内在酸洗及安装过程中以及液压元件在制造过程中遗落的机械杂质或其他微粒，达到液压系统正常运行时所需要的清洁度，保证主机设备的可靠运行，延长系统中液压元件的使用寿命。

（1）循环冲洗的方式

冲洗方式较常见的主要有站内循环冲洗、站外循环冲洗、管线外循环冲洗等。站内循环冲洗：一般是指液压泵站在制造厂加工完成后所需进行的循环冲洗。站外循环冲洗：一般是指液压泵站到主机间的管线所需进行的循环冲洗。管线外循环冲洗：一般是指将液压系统的某些管路或集成块，拿到另一处组成回路，进行循环冲洗。

（2）冲洗回路的选定

泵外循环冲洗回路可分两种类型。如图 3-1-1 所示为串联式冲洗回路，其优点是回路连接简便、方便检查、效果可靠；缺点是回路长度较长。另一类如图 3-1-2 所示为并联式冲洗回路，其优点是循环冲洗距离较短、管路口径相近、容易掌握、效果较好；缺点是回路连接烦琐，不易检查确定每一条管路的冲洗效果，冲洗泵源较大。为克服并联式冲洗回路的缺点，也可在原回路的基础上变为如图 3-1-3 所示的串联式冲洗回路，但要求串联的管径相近，否则将影响冲洗效果。

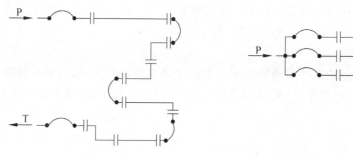

图 3-1-1   串联式冲洗回路   图 3-1-2   并联式冲洗回路

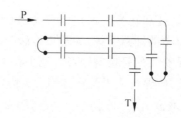

图 3-1-3   串联式冲洗回路

6. 循环冲洗注意事项

（1）冲洗工作应在管路酸洗后 2～3 星期内尽快进行，防止造成管内出现新的锈蚀，影响施工质量。冲洗合格后应立即注入合格的工作油液，每 3 天需启动设备进行循环，以防止管道锈蚀。

（2）循环冲洗要连续进行，三班连续作业，无特殊原因不得停止。

（3）冲洗回路组成后，冲洗泵源应接在管径较粗一端的回路上，从总回油管向压力油管方向冲洗，使管内杂物能顺利冲出。

（4）自制的冲洗油箱应清洁并尽量密封，还应有空气过滤装置，油箱容量应大于液压泵流量的 5 倍。向油箱注油时应采用滤油小车对油液进行过滤。

（5）冲洗管路的油液在回油箱之前需进行过滤，大规格管路式回油过滤器的滤芯精度可在不同冲洗阶段根据油液清洁情况进行更换，可在 $100\mu m$、$50\mu m$、$20\mu m$、$10\mu m$、$5\mu m$ 等滤芯规格中选择。

（6）冲洗用油一般选黏度较低的 10 号机械油。如管道处理较好，一般普通液压系统，也可使用工作油进行循环冲洗。对于使用特殊的磷酸酯、水乙二醇、乳化液等工作介质的系统，选择冲洗油要慎重，必须证明冲洗油与工作油不发生化学反应后方可使用。实践证明：采用乳化液为介质的系统，可用 10 号机械油进行冲洗。禁止使用煤油之类的对管路有害的油品做冲洗液。

（7）冲洗取样应在回油滤油器的上游取样检查。取样时间：冲洗开始阶段，杂质较多，可 6～8h 一次；当油的精度等级接近要求时可每 2～4h 取样一次。

二、液压系统的调试

新设备以及修理后的设备，在安装和机械几何精度检验合格后必须按有关标准进行调试,使液压系统的性能达到设计或现场使用要求。

1. 调试前的注意事项

(1) 需调试的液压系统必须在循环冲洗合格后,方可进入调试状态。

(2) 液压驱动的主机设备全部安装完毕,运动部件状态良好并经检查合格后,进入调试状态。

(3) 控制液压系统的电气设备及线路全部安装完毕并检查合格。

(4) 熟悉调试所需技术文件,如液压原理图、管路安装图、系统使用说明书、系统调试说明书等。根据以上技术文件,检查管路连接是否正确、可靠,选用的油液是否符合技术文件的要求,油箱内油位是否达到规定高度,根据原理图、装配图认定各液压元器件的位置。

(5) 清除主机及液压设备周围的杂物,调试现场应有明显的安全设施和标志,并由专人负责管理。

(6) 参加调试人员应分工明确,统一指挥,对操作者进行必要的培训,必要时配备对讲机,方便联络。

2. 调试

(1) 空载调试

空载调试主要是系统在空载运转条件下全面检查油压系统各回路、各个液压元件及辅助装置的工作是否正常,工作循环或各种动作的自动转换是否符合要求。

① 启动液压泵

先向液压系统灌油,然后点动电动机,使泵旋转一两转,观察泵的转向是否正确,运转情况是否正常,有无异常噪声等。一般运转开始要点动三五次,每次点动时间可逐渐延长,直到使液压泵在额定转速下运转。

② 液压缸排气

按压相应的按钮,使液压缸来回运动,若液压缸不动作,可逐渐旋紧溢流阀,使系统压力增加至液压缸能实现全行程往复运动,往返数次将系统中的空气排掉。对低速件性能要求比较高的应注意排气操作,因为在缸内混有空气后,会影响其运动平稳性,引起工作台在低速运动时的爬行,同时会影响机床的换向精度。

③ 控制阀的调整

各压力阀应按其实际所处位置,从溢流阀起依次调整,将溢流阀逐渐调到规定的压力值,使泵在工作状态下运转,检查溢流阀在调节过程中有无异常声响,压力是否稳定,并须检查系统各管道接头、元件结合面处有无漏油。其他压力阀可根据工作需要进行调整。压力调定后,应将压力阀的调整螺杆锁紧。为使执行元件在空载条件下按设计要求动作,操作相应的控制阀,使执行元件在空载下按预定的顺序动作,应检查它们的动作是否正确,启动、换向、速度及速度变换是否平稳,有无爬行、冲击等现象。在各项调试完毕后,应在空载条件下运行2~4h后,再检查液压系统工作是否正常,一切正常后,方可进入负载试车。

(2) 负载调试

负载调试时应按速度先慢后快,负载先小后大逐步升级试车,以进一步检查系统的运行质量和存在问题。若试车一切正常,才可逐渐将压力阀和流量阀调到规定值,进行最大负载试车。随时检查各处的工作情况,包括各执行元件动作是否正确,启动、换向、速度、速度变换是否平稳,有无振动、爬行、冲击、泄漏,特别要注意检查安全保护装置工作是否仍然可靠。若系统工作全部正常,便可正式投入使用。

任务 2　液压系统维护与保养

一、液压系统的使用和维护

1. 油液清洁度的控制

油液的污染是导致液压系统出现故障的主要原因。油液的污染,造成元件故障占系统总故障率的 $70\%\sim80\%$,它对设备造成的危害是非常严重的。因此,液压系统的污染控制越来越受到人们的关注和重视。实践证明,提高系统油液清洁度是提高系统工作可靠性的重要途径,必须认真对待。

2. 污染物的来源与危害

液压系统中的污染物,是指在油液中对系统可靠性和元件寿命有害的各种物质。主要有以下几类:固体颗粒、水、空气、化学物质、微生物和能量污染物等。不同的污染物会给系统造成不同程度的危害,见表 3-2-1。

表 3-2-1　污染物的种类、来源与危害

种　　类		来　　源	危　　害
固体	切屑、焊渣、型砂	制造过程残留	加速磨损、降低性能,缩短使用寿命,堵塞阀内阻尼孔,卡住运动件引起失效,划伤表面引起漏油甚至使系统压力大幅下降,或形成漆状沉积膜使动作不灵活
	尘埃和机械杂质	从外界侵入	
	磨屑、铁锈、油液氧化和分解产生的沉淀物	工作中生成	
水		通过凝结从油箱侵入,冷却器漏水	腐蚀金属表面,加速油液氧化变质,与添加剂作用产生胶质引起阀芯粘滞和过滤器堵塞
空气		经油箱或低压区泄漏部位侵入	降低油液体积弹性模量,使系统响应缓慢和失去刚度,引起气蚀,致使油液氧化变质,降低润滑性
化学污染物	溶剂、表面活性化合物、油液气化和分解产物	制造过程残留,维修时侵入,工作中生成	与水反应形成酸类物质腐蚀金属表面,并将附着于金属表面的污染物洗涤到油液中
微生物		易在含水液压油中生存并繁殖	引起油液变质劣化,降低油液润滑性,加速腐蚀
能量污染	热能、静电、磁场、放射性物质	由系统或环境引起	黏度降低,泄漏增加,加速油液分解变质,引起火灾

3.控制污染物的措施

对系统残留的污染物主要以预防为主,生成的污染物主要靠滤油过程加以清除,详细控制污染的措施见表3-2-2。

表 3-2-2　控制污染的措施

污染来源	控制措施
残留污染物	(1) 液压元件制造过程中要加强各工序之间的清洗、去毛刺,装配液压元件前要认真清洗零件。加强出厂试验和包装环节的污染控制,保证元件出厂时的清洁度并防止在运输和储存中被污染。 (2) 装配液压系统之前要对油箱、管路、接头等彻底清洗,未能及时装配的管子要加护盖密封。 (3) 在清洁的环境中用清洁的方法装配系统。 (4) 在试车之前要冲洗系统
侵入污染物	(1) 从油桶向油箱注油或从中放油时要经过滤装置过滤。 (2) 保证油桶或油箱的有效密封。 (3) 从油桶取油之前先清除桶盖周围的污染物。 (4) 加入油箱的油液要按规定过滤。加油所用器具要先行清洗。 (5) 系统漏油未经过滤不得返回油箱。与大气相通的油箱必须装有空气过滤器,通气量要与机器的工作环境与系统流量相适应。要保证过滤器安装正确和固定紧密。污染严重的环境可考虑采用加压式油箱或呼吸袋。 (6) 防止空气进入系统,尤其是经泵吸油管进入系统。在负压区或泵吸油管的接口处应保证气密性。所有管端必须低于油箱最低液面。泵吸油管应该足够低,以防止在低液面时空气经旋涡进入泵。 (7) 防止冷却器或其他水源的水漏进系统。 (8) 维修时应严格执行清洁操作规程
生成污染物	(1) 要在系统的适当部位设置具有一定过滤精度和一定纳污容量的过滤器,并在使用中经常检查与维护,及时清洗或更换滤芯。 (2) 使液压系统远离或隔绝高温热源。设计时应使油温保持在最佳值,需要时设置冷却器。 (3) 发现系统污染度超过规定时,要查明原因,及时排除。 (4) 单靠系统在线过滤器无法净化污染严重的油液时,可使用便携式过滤装置进行系统外循环过滤。 (5) 定期取油样分析,以确定污染物的种类,针对污染物确定需要对哪些因素加强控制。 (6) 定期清洗油箱,要彻底清理掉油箱中所有残留的污染物

二、液压系统的维护

液压系统维护保养分为日常维护、定期维护和综合维护三种方式。

1.日常维护

日常维护是减少故障的最主要环节,是指液压设备的操作人员每天在设备使用前、使用中及使用后对设备的例行检查。通常用目视、耳听及手触感觉等比较简单的方法,检查油量、油温、漏油、噪声、压力、速度以及振动等情况。一旦出现异常现象应检查原因并及时排除,避免一些重大事故的发生。对重要的设备应填写"日常维护点检卡"。

2. 定期维护

分析日常维护中发现不正常现象的原因并进行排除,对需要维修的部位,必要时安排局部检修。定期检查的时间间隔,一般与滤油器的检查清洗周期相同(2~3 个月)。

3. 综合维护

综合维护大约一年一次。综合维护的方法主要是分解检查,要重点排除一年内可能产生的故障因素。其主要内容是检查液压装置的各元件和部件,判断其性能和寿命,并检修产生故障的部位,对经常发生故障的部位提出改进意见。

液压系统的故障是各种各样的,产生的原因也是多种多样的。有的是由系统中某一元件或多个元件综合作用引起的,有的也可能是由液压油污染、变质等其他原因引起的。即使是同一故障,产生故障的原因也可能不同。当液压系统出现故障时,绝不能毫无根据地乱拆,更不能将系统中的元件全部拆卸下来检查。对设备可能出现的故障要进行早期诊断,采取必要措施以消除各种隐患。

任务 3　液压系统常见故障诊断及排除

一、液压系统故障诊断的一般步骤

诊断液压系统故障时,要掌握液压传动的基本知识及处理液压故障的初步经验,要深入现场,要熟悉系统性能和相关资料,要全面了解故障状态。

(1)认真查阅使用说明书及与设备使用有关的档案资料。

(2)进行现场观察,仔细观察故障现象及各参数状态的变化,并与操作者提供的情况相联系、比较、分析。分析判断时,一定要综合机械、电气、液压多方面的因素,首先应注意外界因素(如设备在运输或安装中引起的损坏,使用环境恶劣,电压异常或调试、操作与维护不当等)对系统的影响,在排除不是外界原因引起的故障情况下,再集中查找系统内部因素(如设计参数确定不合适、系统结构设计不合理、选用元件质量不符合要求、系统安装没有达到规定标准、零件加工质量不合格及有关零件的正常磨损等)。

(3)列出可能的故障原因表,对照本故障现象查阅设备技术档案是否有相似的历史记载(利于准确判断),根据工作原因,将所获得的资料进行综合、比较、归纳、分析,从而确定故障的准确部位或元件。

(4)结合实际,本着先外后内、先调后拆、先洗后修、先易后难的原则,制定修理工作的具体措施。

(5)排除故障并认真地进行定性、定量总结分析,从而提高处理故障的能力,找出防止故障发生的改进措施,总结经验,记载归档。

二、液压系统故障诊断的方法

液压系统故障的诊断方法一般有感官检测法、对比替换法、专用仪器检测法、逻辑分析法和状态检测法等。

1. 感官检测法

感官检测法是一种最为简单且方便易行的诊断方法,它根据"四觉诊断法"分析故障产生的部位和原因,从而采措相应排除故障的措施。它既可在液压系统工作状态下进行,又可在其不工作状态下进行。"四觉诊断法"即指检修人员运用触觉、视觉、听觉和嗅觉来分析判断液压系统的故障。

(1)触觉:用手触摸允许摸的部件。根据触觉来判断油温的高低和振动的位置,若接触2s感觉烫手,就应检查温升过高的原因,有高频振动就应检查产生的原因。

(2)视觉:用眼看。观察执行部件运动是否平稳,系统中各压力监测点的压力值大小与变化情况,系统是否存在泄漏和油位是否在规定范围内、油液黏度是否合适及油液变色的现象。

(3)听觉:用耳听。根据液压泵和液压马达的异常响声、液压缸及换向阀换向时的冲击声、溢流阀及顺序阀等压力阀的尖叫声和油管的振动声等来判断噪声和振动的大小。

(4)嗅觉:用鼻嗅。通过嗅觉判断油液变质、橡胶件因过热发出的特殊气味和液压泵发热烧结等故障。

2. 对比替换法

常用于在缺乏测试仪器的场合检查液压系统故障。

3. 专用仪器检测法

有些重要的液压设备必须进行定量专项检测,即精密诊断,检测故障发生的根源性参数,为故障的判断提供可靠依据。

4. 逻辑分析法

对于较复杂的液压系统故障,一般采用综合诊断,即根据故障产生的现象,采取逻辑分析与推理的方法,减少怀疑对象,逐渐逼近,提高故障诊断的效率及准确性。

5. 状态检测法

很多液压设备本身配有重要参数的检测仪表,或系统中预留了测量接口,不用拆下元件就能观察或从接口检测出元件的性能参数,为初步诊断提供定量依据。

三、液压系统常见故障及其排除方法

液压系统常见故障产生的原因及排除方法见表3-3-1。

表 3-3-1　液压系统常见故障的产生原因及排除方法

常见故障	产 生 原 因	排 除 方 法
系统无压力或压力不足	（1）溢流阀开启，由于阀芯被卡住，不能关闭，阻尼孔堵塞，阀芯与阀座配合不好或弹簧失效	修研阀芯与壳体，清洗阻尼孔，更换弹簧
	（2）其他控制阀阀芯由于故障卡住，引起卸荷	找出故障部位，清洗或修理，使阀芯在阀体内运动灵活
	（3）液压元件磨损严重，或密封损坏，造成内外泄漏	检查泵、阀及管路各连接处的密封性，修理或更换零件
	（4）液位过低，吸油管堵塞或油温过高	加油，清洗吸油管或冷却系统
	（5）泵转向错误，转速过低或动力不足	检查动力源
流量不足	（1）油箱液位过低，油液黏度大，滤油器堵塞引起吸油阻力大	检查液位，补油，更换黏度适宜的液压油，保证吸油管直径
	（2）液压泵转向错误，转速过低或空转，磨损严重，性能下降	检查电动机、液压泵及液压泵变量机构，必要时换泵
	（3）回油管在液位以上，空气进入	检查管路连接及密封是否正确可靠
	（4）蓄能器漏气，压力及流量供应不足	检查蓄能器性能与压力
	（5）其他液压元件及密封件损坏引起泄漏	修理或更换相应的液压元件
	（6）控制阀动作不灵活	修理或更换控制阀
泄漏	（1）接头松动，密封损坏	拧紧接头，更换密封
	（2）板式连接或法兰连接接合面螺钉预紧力不够或密封损坏	预紧力应大于液压力，更换密封
	（3）系统压力长时间大于液压元件或辅件额定工作压力	元件壳体内压力不应大于油封许用压力，更换密封
	（4）油箱内安装水冷式冷却器，如油位高，则水漏入油中；如油位低，则油漏入水中	拆修水冷式冷却器
过热	（1）冷却器通过能力小或出现故障	排除故障或更换冷却器
	（2）液位过低或黏度不适合	加油或更换黏度合适的油液
	（3）油箱容量小或散热性差	增大油箱容量，增设冷却装置
	（4）压力调整不当，长期在高压下工作	调整溢流阀压力至规定值，必要时改进回路
	（5）油管过细过长，弯曲太多造成压力损失增大，引起发热	改变油管规格及油路
	（6）系统中由于泄漏、机械摩擦造成压力损失过大	检查泄漏，改善密封，提高运动部件加工精度、装配精度及润滑条件
	（7）环境温度过高	尽量减少环境温度对系统的影响
冲击	（1）蓄能器充气压力不够	给蓄能器充气
	（2）工作压力过高	调整压力至规定值
	（3）先导阀、换向阀制动不灵活及节流缓冲慢	减小制动锥斜角或增加制动锥长度，修复节流缓冲装置
	（4）液压缸端部没有缓冲装置	增设缓冲装置或背压阀
	（5）溢流阀故障使压力突然升高	修理或更换溢流阀
	（6）系统中有大量空气	排除空气

续表

常见故障	产 生 原 因	排 除 方 法
振动	(1) 液压泵:吸入空气,安装位置过高,吸油阻力大,齿轮齿形精度不够,叶片卡死断裂,柱塞卡死移动不灵活,零件磨损使间隙过大	更换进油口密封,吸油口管口至泵吸油口高度要小于规定值,保证吸油管直径,修复或更换损坏的零件
	(2) 液压油:液位太低,吸油管插入液面深度不够,油液黏度太大,滤油器堵塞	吸油管加长浸到规定深度,更换合适黏度的液压油,清洗滤油器
	(3) 溢流阀:阻尼孔堵塞,阀芯与阀座配合间隙过大,弹簧失效	清洗阻尼孔,修配阀芯与阀座间隙,更换弹簧
	(4) 其他阀芯移动不灵活	清洗,去毛刺
	(5) 管道:管道细长,没有固定装置,互相碰击,吸油管与回油管太近	增设固定装置,扩大管道距离及吸油管和回油管间距离
	(6) 电磁铁:电磁铁焊接不良,弹簧过硬或损坏,阀芯在阀体内卡住	重新焊接,更换弹簧,清洗及修配阀芯和阀体
	(7) 机械:液压泵与电机联轴器不同轴或松动,运动部件停止时有冲击,换向缺少阻尼,电机振动	保持泵与电机轴间同轴度不大于0.1mm,采用弹性联轴器,紧固螺钉,设阻尼或缓冲装置,电机作平衡处理

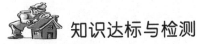

知识达标与检测

一、判断题

1. 液压设备应根据平面布置图对号吊装就位,大型成套液压设备,应由里向外依次进行吊装。   (   )

2. 液压元件安装时一般按先上后下、先外后内、先易后难、先精密后一般的顺序进行。   (   )

3. 提高系统油液清洁度是提高系统工作可靠性的重要途径,必须认真做好。(   )

4. 定期维护是减少故障的最主要环节,是指液压设备的操作人员每天在设备使用前、使用中及使用后对设备的例行检查。   (   )

5. "四觉诊断法"是指检修人员运用触觉、视觉、听觉和嗅觉来分析判断液压系统的故障。   (   )

6. 对于较复杂的液压系统故障,一般采用综合诊断,即根据故障产生的现象,采取逻辑分析与推理的方法,减少怀疑对象,逐渐逼近,提高故障诊断的效率及准确性。(   )

二、填空题

1. "四觉诊断法"是_____、_____、_____、_____。

2. 液压系统故障的诊断方法一般有_____、_____、_____、_____、_____等。

3. 液压系统维护保养分_____、_____、_____三种方式。

4. _____是导致液压系统出现故障的主要原因。

5. _____调试主要是系统在空载运转条件下全面检查油压系统各回路、各个液压元件及辅助装置的工作是否正常,工作循环或各种动作的自动转换是否符合要求。

6. 冲洗方式较常见的主要有_____、_____、_____等。

三、简答题

1. 液压系统在安装管路时应注意哪些问题?

2. 常用的油管有哪几种? 常用的管接头有哪些?

3. 液压站的组成部分有哪些? 其安装形式常见的有哪几种?

4. 液压系统的使用注意事项有哪些?

5. 简述油管、管接头的安装步骤。

6. 液压系统故障的诊断方法有哪些?"四觉诊断法"的具体内容包含哪些方面?

液压传动系统的典型实例

 知识目标

- 能够掌握组合机床动力滑台液压系统的工作过程。
- 能够理解塑料注射成型机液压系统的工作原理及特点。
- 能够熟悉数控机床液压系统的使用条件、场合及功能特点。

 技能目标

- 能够分析组合机床动力滑台液压系统的工作流程及特点。
- 能够掌握塑料注射成型机的液压系统在实际生产生活中的运用。
- 能够进行汽车起重机液压系统的工作回路的分析。

 职业素养

- 培养严谨细致、一丝不苟、实事求是的科学态度和探索精神。
- 增强安全操作意识,形成严谨认真的工作态度。

任务 1　认识组合机床动力滑台液压系统

　　以液压传动为主要技术之一的机器设备在国民经济许多部门和诸多行业应用广泛。但是,不同行业的液压机械,在工作要求、工况特点、动作循环、控制方式等方面差别很大。液压动力滑台是组合机床上用以实现进给运动的一种通用部件,其运动由液压缸驱动,动力滑台液压系统是一种以速度变化为主的典型液压系统。如图 4-1-1 所示为典型组合机床。

图 4-1-1　典型组合机床

一、组合机床的工作原理

组合机床是一种在制造领域中用途广泛的半自动专用机床,这种机床既可以单机使用,也可以多机配套组成加工自动线。组合机床由通用部件(如动力头、动力滑台、床身、立柱等)和专用部件(如专用动力箱、专用夹具等)两大类部件组成,有卧式、立式、倾斜式、多面组合式多种结构形式。组合机床具有加工精度较高、生产效率高、自动化程度高、设计制造周期短、制造成本低、通用部件能够重复使用等诸多优点,因而,广泛应用于大批量生产的机械加工流水线或自动线中,如汽车零部件制造中的许多生产线。组合机床的主运动由动力头或动力箱实现,进给运动由动力滑台的运动实现。动力滑台与动力头或动力箱配套使用,可以对工件完成钻孔、扩孔、铰孔、镗孔、铣平面、拉平面或圆弧、攻丝等多种机械加工工序。动力滑台按驱动方式不同分为液压滑台和机械滑台两种形式。由于动力滑台在驱动动力头进行机械加工的过程中有多种运动和负载变化要求,因此,控制动力滑台运动的机械或液压系统必须具备换向、速度换接、调速、压力控制、自动循环、功率自动匹配等多种功能。

如图 4-1-2 所示为液压动力滑台,台面上可安装各种用途的切削头或工件,用以完成钻、扩、铰、镗、铣、车、刮端面、攻螺纹等工序的机械加工,并能按多种进给方式实现自动工作循环。

动力头

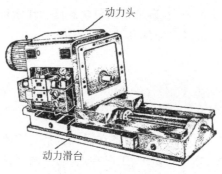

动力滑台

图 4-1-2　组合机床的动力滑台及动力头

如图 4-1-3 所示的为 YT4543 型组合机床动力滑台液压系统,该液压动力滑台能完成的典型工作循环为:快进→一工进→二工进→止挡块停留→快退→原位停止。其电磁铁、行程阀和压力继电器动作顺序见表 4-1-1。

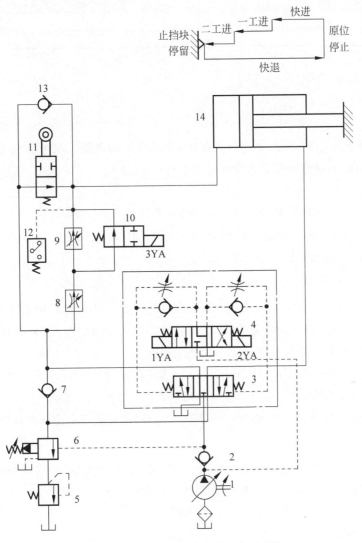

图 4-1-3　YT4543 型动力滑台液压系统

1—变量泵;2、7—单向阀;3—液控换向阀;4、10—电磁换向阀;5—溢流阀;6—液控顺序阀;8、9—调速阀;
11—行程阀;12—压力继电器;13—单向阀;14—液压缸

表 4-1-1　电磁铁、行程阀和压力继电器动作顺序

工作循环	电磁铁			行程阀	压力继电器
	1YA	2YA	3YA		
快进	+	−	−	−	−
一工进	+	−	−	+	−
二工进	+	−	+	+	−

续表

工 作 循 环	电 磁 铁			行 程 阀	压力继电器
	1YA	2YA	3YA		
止挡块停留	+	−	+	+	+
快退	−	+	−	±	±
原位停止	−	−	−	−	−

二、组合机床的工作过程

1. 快进

快进时系统压力低,液控顺序阀 6 关闭,变量泵 1 输出最大流量。按下启动按钮,电磁铁 1YA 通电,电液换向阀的先导阀 4 处于左位,从而使主阀 3 也处于左位工作,其主油路为:

进油路　1→2→3(左位)→11(下位)→缸(左腔);

回油路　缸(右腔)→3(左位)→7→11(下位)→缸(左腔)。

这时液压缸两腔连通,滑台差动快进。

2. 第一次工作进给

在快进终了时,滑台上的挡块压下行程阀 11,切断了快速运动的进油路。压力油只能通过调速阀 8 和二位二通电磁换向阀 10(左位)进入液压缸左腔,系统压力升高,液控顺序阀 6 开启,且泵的流量也自动减小。其主油路为:

进油路　1→2→3(左位)→8→10(左位)→缸(左腔);

回油路　缸(右腔)→3(左位)→6→5→油箱。

滑台实现由调速阀 8 调速的第一次工作进给,回油路上有顺序阀 6 作背压阀。

3. 第二次工作进给

当第一次工作进给终了时,挡块压下行程开关,使电磁铁 3YA 通电,阀右位工作,压力油必须通过调速阀 8 和 9 进入液压缸左腔。其主油路的进油路为:

进油路　1→2→3(左位)→8→9→缸(左腔);

回油路　缸(右腔)→3(左位)→6→5→油箱。

由于调速阀 9 的通流截面积比调速阀 8 的通流截面积小,因而滑台实现由阀 9 调速的第二次工作进给。

4. 止挡块停留

滑台以第二次工作进给速度前进,当液压缸碰到滑台座前端的止挡块后停止运动。这时液压缸左腔压力升高,当压力升高到压力继电器 12 的开启压力时,压力继电器发出信号给时间继电器,由时间继电器延时控制滑台停留时间。这时的油路与第二次工作进给的油路相同,但系统内油液已停止流动,液压泵的流量已减至很小,仅用于补充泄漏油。

5. 快退

时间继电器经延时后发出信号,使电磁铁 2YA 通电,1YA、3YA 断电。这时电磁换向阀 4 右位工作,液动换向阀 3 也换为右位工作,其主油路为:

进油路　1→2→3(右位)→缸(右腔);

回油路　缸(左腔)→13→3(右位)→油箱。

因滑台返回时为空载,系统压力低,变量泵的流量又自动恢复到最大值,故滑台快速退回到第一次工进起点时,行程阀 11 复位。

6. 原位停止

当滑台快速退回到其原始位置时,挡块压下原行程开关,使电磁铁 2YA 断电,电磁换向阀 4 恢复至中位,液控换向阀 3 也恢复至中位,液压缸两腔油路被封闭,滑台被锁紧在起始位置上。变量泵输出的油液压力升高,直到输出流量为零,变量泵卸荷。

三、动力滑台的液压系统特点

动力滑台的液压系统是能完成较复杂工作循环的典型的单缸中压系统,其特点是:

(1) 系统采用了限压式变量叶片泵和调速阀组成的容积节流调速回路,且在回油路上设置背压阀。能获得较好的速度刚性和运动平稳性,并可减少系统的发热量。

(2) 采用电液动换向阀的换向回路,发挥了电液联合控制的优点,而且主油路换向平稳、无冲击。

(3) 采用液压缸差动连接的快速回路,简单可靠,能源利用合理。

(4) 采用行程阀和液控顺序阀,实现快进与工进速度的转换,使速度转换平稳、可靠且位置准确。采用两个串联的调速阀及用行程开关控制的电磁换向阀实现两种工进速度的转换。由于进给速度较慢,故也能保证换接精度和平稳性的要求。

(5) 采用压力继电器发出信号,控制滑台反向退回,方便可靠。止挡块的采用还能提高滑台工进结束时的位置精度。

任务 2　认识塑料注射成型机的液压系统

一、塑料注射成型机结构

塑料注射成型是一种注射兼模塑的成型方法,其设备称塑料注射成型机,简称注塑机,如图 4-2-1 所示。塑料注射成型机是将热塑性塑料和热固性塑料制成各种塑料制品的主要成型设备,它将颗粒状的塑料在料筒内加热熔化成流动状态,并快速高压注入闭合模具的型腔内,保压一定时间,经冷却后成型为塑料制品。如图 4-2-2 所示为塑料注射成型机工作循环。注塑机的主要部件有合模部件、注射部件和床身。

1. 注塑机基本结构原理

粒状塑料通过料斗进入螺旋推进器中,将料向前推进。同时,因螺杆外装有电加热

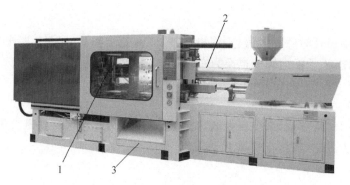

图 4-2-1　塑料注射成型机

1—合模部件；2—注射部件；3—床身

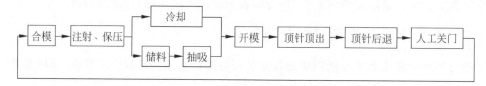

图 4-2-2　塑料注射成型机工作循环

器,而将料熔化成黏液状态,在此之前,合模机构已将模具闭合,当物料在螺旋推进器前端形成一定压力时,注射机构开始将液状料高压快速注射到模具型腔之中,经一定时间的保压冷却后,开模将成型的塑料制品顶出,便完成了一个动作循环。

2. 注塑机的工作要求

(1)足够的合模力:熔融塑料通常以 $4\sim15$ MPa 的高压注入模腔,因此模具必须具有足够的合模力,否则会使模具离缝而产生塑料制品的溢边现象。

(2)合模和开模速度可调节:由于既要考虑缩短空行程时间以提高生产率,又要考虑合模过程中的缓冲要求以防止损坏模具,还要避免机器产生振动和撞击损坏塑料制品,所以合模机构在开模、合模过程中需要多种速度。

(3)注射座整体前移和后退:为了适应各种塑料的加工需要,射台座移动液压缸应有足够的推力,以保证注射时喷嘴与模具浇口紧密接触。

(4)注射压力和注射速度可以调节:根据塑料的品种、制品的几何形状及模具浇注系统的不同,注射成型过程中要求注射压力和注射速度可调节。

(5)保压:为使塑料紧贴模腔而获得精确的形状,在制品冷却凝固而收缩的过程中,熔融塑料可不断补充进入模腔,防止因塑料不足而出现残品,所以注射动作完成以后需要保压,保压压力也要求可调。

(6)速度平稳:顶出制品时速度平稳。

二、注塑机的操作

1. 注塑机的动作程序

喷嘴前进→注射→保压→预塑→倒缩→喷嘴后退→冷却→开模→顶出→退针→开门→

关门→合模→喷嘴前进。

2. 注塑机操作项目

注塑机操作项目包括控制键盘操作、电器控制柜操作和液压系统操作三个方面。分别进行注射过程动作、加料动作、注射压力、注射速度、顶出形式的选择,料筒各段温度及电流、电压的监控,注射压力和背压压力的调节等。

3. 注射过程动作选择

一般注塑机既可以手动操作,也可以半自动和全自动操作。手动操作是在一个生产周期中,每一个动作都是由操作者拨动操作开关而实现的,一般在试机调模时才选用。半自动操作时机器可以自动完成一个工作周期的动作,但每一个生产周期完毕后操作者必须拉开安全门,取下工件,再关上安全门,机器方可以继续下一个周期的生产。全自动操作时注塑机在完成一个工作周期的动作后,可自动进入下一个工作周期。在正常的连续工作过程中无须停机进行控制和调整。但须注意如下。

如需要全自动工作,则:

(1) 中途不要打开安全门,否则全自动操作中断;

(2) 要及时加料;

(3) 若选用电眼感应,应注意不要遮蔽了电眼。

4. 预塑动作选择

根据预塑加料前后注座是否后退,即喷嘴是否离开模具,注塑机一般设有三种选择。

(1) 固定加料:预塑前和预塑后喷嘴都始终贴近模具,注座也不移动。

(2) 前加料:喷嘴顶着模具进行预塑加料,预塑完毕,注座后退,喷嘴离开模具。选择这种方式的目的是:预塑时利用模具注射孔抵住喷嘴,避免熔料在背压较高时从喷嘴流出,预塑后可以避免喷嘴和模具长时间接触而产生热量传递,影响它们各自温度的相对稳定。

(3) 后加料:注射完成后,注座后退,喷嘴离开模具然后预塑,预塑完再注座前进。该动作适用于加工成型温度特别窄的塑料,由于喷嘴与模具接触时间短,避免了热量的流失,也避免了熔料在喷嘴孔内的凝固。

注射结束、冷却计时器计时完毕后,预塑动作开始。螺杆旋转将塑料熔融并挤送到螺杆头前面。由于螺杆前端的止退环所起的单向阀的作用,熔融塑料积存在机筒的前端,将螺杆向后迫退。当螺杆退到预定的位置时(此位置由行程开关确定,控制螺杆后退的距离,实现定量加料),预塑停止,螺杆停止转动。紧接着是倒缩动作,倒缩即螺杆作微量的轴向后退,此动作可使聚集在喷嘴处的熔料的压力得以解除,克服由于机筒内外压力的不平衡而引起的"留涎"现象。若不需要倒缩,则应把倒缩停止开关调到适当位置,让预塑停止开关被压上的同一时刻,倒缩停止开关也被压上。当螺杆作倒缩动作后退到压上停止开关时,倒缩停止。接着注座开始后退。当注座后退至压上停止开关时,注座停止后退。若采用固定加料方式,则应注意调整好行程开关的位置。

5. 注射压力选择

注塑机的注射压力由调压阀进行调节,在调定压力的情况下,通过高压和低压油路的通断,控制前后期注射压力的高低。普通中型以上的注塑机设置有三种压力选择,即高压、低压和先高压后低压。高压注射由注射油缸通入高压压力油来实现。由于压力高,塑料从一开始就在高压、高速状态下进入模腔。高压注射时塑料入模迅速,注射油缸压力表读数上升很快。低压注射由注射油缸通入低压压力油来实现,注射过程压力表读数上升缓慢,塑料在低压、低速下进入模腔。先高压后低压由根据塑料种类和模具的实际要求从时间上来控制通入油缸的压力油的压力高低来实现。为了满足不同塑料要求有不同的注射压力,也可以采用更换不同直径的螺杆或柱塞的方法,这样既满足了注射压力,又充分发挥了机器的生产能力。在大型注塑机中往往具有多段注射压力和多级注射速度控制功能,这样更能保证制品的质量和精度。

三、注塑机液压系统基本回路

1. 压力、流量控制回路

如图 4-2-3 所示为注塑机液压系统压力、流量控制回路,电液比例流量阀 Q 是液压系统的流量控制阀,电液比例压力阀 Y_1 的作用是调定系统的压力,先导式溢流阀 Y_2 用作安全阀。

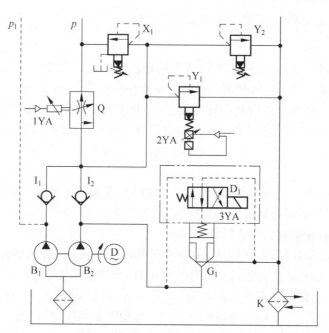

图 4-2-3　注塑机液压系统压力、流量控制回路

2. 顶针顶出回

如图 4-2-4 所示为顶针顶出回路,E_2 中 6YA 得电,顶针顶出回路(图 4-2-3 中 B_1 泵工作,B_2 泵卸荷)进油路:压力油→E_2 左位→LI_1→顶针缸 C_2 左腔,活塞杆顶出工件。回油路:顶针缸 C_2 右腔油液→LI_2→E_2 左位→油箱。

3. 顶针后退回路

如图 4-2-5 所示为顶针后退回路，7YA 得电，顶针后退回路（图 4-2-3 中 B_1 泵工作，B_2 泵卸荷）进油路：压力油→E_2 右位→LI_2→顶针缸右腔，活塞杆缩进，顶针退回。回油路：顶针缸左腔油液→LI_1→E_2 右位→油箱。

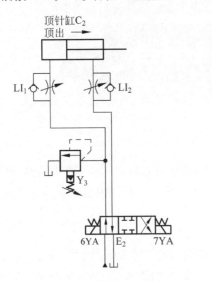

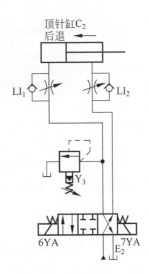

图 4-2-4　顶针顶出回路　　　　　图 4-2-5　顶针后退回路

四、注塑机液压系统特点

本液压系统具有以下特点。

（1）为了保证足够的合模力，防止高压注射时模具开缝产生塑料溢边，该注塑机采用了液压机械增力合模机构。

（2）根据塑料注射成型工艺，模具的启闭过程和塑料注射的各阶段速度不一样，而且快慢速之比可达 50～100，为此，该注塑机采用了双泵供油系统，快速时双泵合流，慢速时泵 2 供油，泵 1 卸载，系统功率利用比较合理。

（3）系统所需多级压力，由多个并联的远程调压阀控制。

（4）注塑机的多执行元件的循环动作主要依靠行程开关按事先编程的顺序完成，这种方式灵活、方便。

任务 3　认识数控机床液压系统

数控机床是一种装有程序控制系统的自动化机床，如图 4-3-1 所示为数控机床。数控机床控制系统能够逻辑地处理具有控制编码或其他符号指令规定的程序，并将其译码，用代码化的数字表示，通过信息载体输入数控装置。经运算处理由数控装置发出各种控制信号，控制机床的动作，按图纸要求的形状和尺寸，自动地将零件加工出来。数控机床

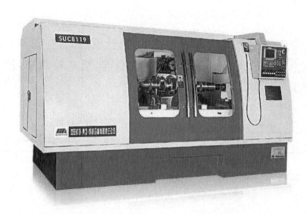

图 4-3-1　数控机床

较好地解决了复杂、精密、小批量、多品种的零件加工问题,是一种柔性的、高效能的自动化机床,代表了现代机床控制技术的发展方向,是一种典型的机电一体化产品。

一、数控机床工作过程

随着机电技术的不断发展,特别是数控技术的飞速发展,机电设备的自动化程度和精度越来越高。液压与气动技术在数控机床、数控加工中心及柔性制造系统中得到了充分利用。下面介绍 MJ-50 型数控车床的液压系统,如图 4-3-2 所示为数控车床液压系统图。

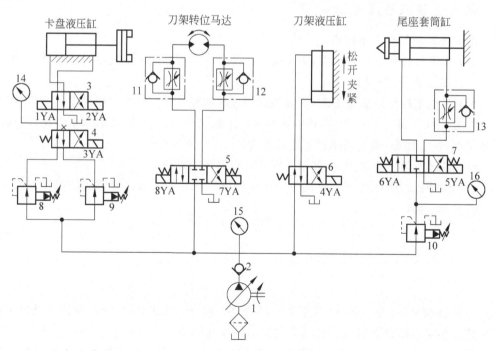

图 4-3-2　数控车床液压系统

机床中由液压系统实现的动作有卡盘的夹紧与松开、刀架的夹紧与松开、刀架的正转与反转、尾座套筒的伸出与缩回。液压系统中各电磁阀的电磁铁动作由数控系统中的PLC控制实现,各电磁铁动作顺序见表4-3-1。

表 4-3-1　电磁铁动作顺序

动作			1YA	2YA	3YA	4YA	5YA	6YA	7YA	8YA
卡盘正卡	高压	夹紧	+	−	−					
		松开	−	+	−					
	低压	夹紧	+	−	+					
		松开	−	+	+					
卡盘反卡	高压	夹紧		+						
		松开								
	低压	夹紧		+	+					
		松开	+	−	+					
刀架	正转								−	+
	反转								+	−
	松开					+				
	夹紧					−				
尾座	套筒伸出						−	+		
	套筒缩回						+	−		

注:"+"表示电磁铁通电或行程阀压下;"−"表示电磁铁断电或行程阀原位。

二、数控机床液压系统的工作过程

MJ-50 型数控车床的液压系统采用限压式变量叶片泵供油、工作压力调到4MPa,压力由压力表 15 显示。泵输出的压力油经过单向阀进入各子系统支路,其工作原理如下。

1. 卡盘的夹紧与松开

在要求卡盘处于正卡(卡爪向内夹紧工件外圆)且在高压大夹紧力状态下时,3YA 失电,阀 4 左位工作,选择减压阀 8 工作。夹紧力的大小由减压阀 8 调整,夹紧压力由压力表 14 显示。

当 1YA 通电时,阀 3 左位工作,系统压力油从油泵→单向阀 2→减压阀 8→换向阀 4 左位→换向阀 3 左位→液压缸右腔;液压缸左腔的油液经阀 3 直接回油箱。这时,活塞杆左移,操纵卡盘夹紧。

当 2YA 通电时,阀 3 右位工作,系统压力油进入液压缸左腔,液压缸右腔的油液经阀 3 直接回油箱。这时,活塞杆右移,操纵卡盘松开。

在要求卡盘处于正卡且在低压小夹紧力状态下时,3YA 通电,阀 4 右位工作,选择减压阀 9 工作。夹紧力的大小由减压阀 9 调整,夹紧压力由压力表 14 显示,阀 9 调整压力值小于阀 8。换向阀 3 的工作情况与高压大夹紧力时相同。

卡盘处于反卡(卡爪向外夹紧工件内孔)时,动作与正卡相反,即反卡的夹紧是正卡的松开；反卡的松开是正卡的夹紧。

2. 回转刀架的换刀

回转刀架换刀时，首先将刀架抬升松开，然后刀架转位到指定的位置，最后刀架下拉复位夹紧。

当4YA通电时，换向阀6右位工作→刀架抬升松开→8YA通电→液压马达正转带动刀架换刀，转速由单向调速阀11控制（若7YA通电，则液压马达带动刀架反转，转速由单向调速阀12控制）→到位后4YA断电→阀6左位工作→液压缸使刀架夹紧。正转换刀还是反转换刀由数控系统按路径最短原则判断。

3. 尾座套筒的伸缩运动

当6YA通电时，换向阀7左位工作，压力油经减压阀10→换向阀7左位→尾座套筒液压缸的左腔；液压缸右腔油液经单向调速阀13→阀7→油箱，液压缸筒带动尾座套筒伸出，顶紧工件。顶紧力的大小通过减压阀10调整，调整压力值由压力表16显示。

当5YA通电时，换向阀7右位工作，压力油经减压阀10→换向阀7右位→组合阀13的单向阀→液压缸右腔；液压缸左腔的油液经阀7流向油箱，套筒快速缩回。

三、数控机床液压系统的特点

（1）用限压式变量液压泵供油，自动调整输出流量，能量损失小。

（2）用减压阀稳定夹紧力，并用换向阀切换减压阀，实现高压和低压夹紧的转换，并能分别调节高压夹紧或低压夹紧力的大小。这样根据工艺要求调节夹紧力，操作简单方便。

（3）用液压马达实现刀架的转位，实现无级调速，并能控制刀架正、反转。

（4）用换向阀控制尾座套筒液压缸的换向，实现套筒的伸出或缩回，并能调节尾座套筒伸出工作时预紧力大小，以适应不同工艺的要求。

任务4　认识汽车起重机液压系统

一、汽车起重机液压系统

汽车起重机是将起重机安装在汽车底盘上的一种起重运输设备，主要由起升、回转、变幅、伸缩和支腿等工作机构组成，这些工作机构动作的完成由液压系统来实现。对于汽车起重机的液压系统，一般要求输出力大，动作平稳，耐冲击，操作灵活、方便、可靠、安全。

Q2-8型起重机采用液压传动，最大起重量为80kN（幅度3m时），最大起重高度为11.5m，起重装置连续回转。该机具有较高的行走速度，可与装运工具的车编队行驶，机动性好。当装上附加吊臂后，可用于建筑工地吊装预制件，吊装的最大高度为6m。液压起重机承载能力大，可在有冲击、振动、温度变化大和环境较差的条件下工作。其执行元件要求完成的动作比较简单，位置精度较低，因此液压起重机一般采用中、高压手动控制系统，系统对安全性要求较高，如图4-4-1所示为汽车起重机结构图。

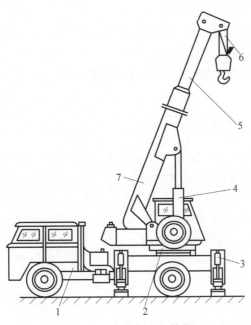

图 4-4-1 汽车起重机结构

1—载重汽车；2—回转机构；3—支腿；4—吊臂变幅缸；5—伸缩吊臂；6—起升机构；7—基本臂向阀

该系统的液压泵由汽车发动机通过装在汽车底盘变速箱上的取力箱传动。液压泵工作压力为 21MPa,转速为 1500r/min。液压泵通过中心回转接头从油箱吸油,输出的压力油经手动阀组 A 和 B 输送到各个执行元件。溢流阀 12 是安全阀,用以防止系统过载,调整压力为 19MPa,其实际工作压力可由压力表读取,是一个单泵、开式、串联液压系统。

二、汽车起重机液压系统工作回路分析

支腿收放回路：前后各有两条支腿,每一条支腿配有一个液压油缸。两条前支腿用一个三位四通手动换向阀控制其收放,而两条后支腿则用另一个三位四通阀控制。

起升回路：采用 ZMD40 型柱塞液压马达带动重物升降,通过改变手动换向阀的开口大小来实现变速和换向,用液控单向顺序阀来限制重物超速下降,单作用液压缸是制动缸,用单向节流阀保证液压油先进入马达,并保证吊物升降停止时,制动缸中的油马上与油箱相通,使马达迅速制动。

大臂伸缩回路：采用单级长液压缸驱动。工作中通过改变节流阀的开口大小和方向来调节大臂运动速度和使大臂伸缩。行走时应将大臂缩回。大臂缩回时,为防止吊臂在重力作用下自行收缩,在收缩缸的下腔回油腔安装了平衡阀,提高了收缩运动的可靠性。

变幅回路：采用两个液压缸并联,提高了变幅机构的承载能力。

回转油路：采用 ZMD40 柱塞液压马达,回转速度 1～3r/min。由于惯性小,一般不设缓冲装置,操作换向阀可使马达正、反转或停止。

三、汽车起重机液压系统的特点

(1)重物在下降以及大臂收缩和变幅时,负载与液压力方向相同,执行元件会失控,

为此,在其回油路上必须设置平衡阀。

(2)因作业工况的随机性较大,且动作频繁,所以大多采用手动弹簧复位的多路换向阀来控制各动作。换向阀常用 M 形中位机能。当换向阀处于中位时,各执行元件的进油路均被切断,液压泵出口通油箱使泵卸荷,减少了功率损失。

 知识达标与检测

1. 题 1 图所示液压系统实现"快进"→"一次工进"→"二次工进"→"快退"→"停止"的工作循环,试完成下列各题。

(1)列出电磁铁动作顺序表。

(2)本液压系统由哪些基本回路组成?

(3)写出一次工进时的进油路线和回油路线。

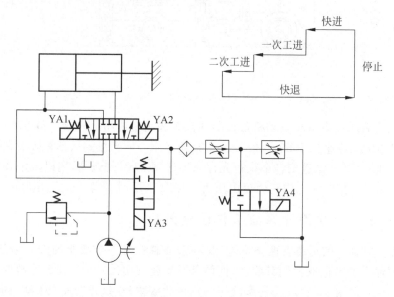

题 1 图

2. 题 2 图所示为多缸顺序铣床液压系统,认真看图,回答下列问题。

(1)分析本系统由哪些基本回路组成,写出其核心元件。

(2)分析元件 8 和元件 10 的开启情况。

(3)写出 A 缸快进、A 缸工进时的进油路和回油路。

3. 在液压试验台上组装注塑机的差动快速合模回路,并分析其工作过程。

4. 在液压试验台上组装注塑机的注塑回路,并分析其工作过程。

5. 在液压试验台上组装注塑机的抽胶回路,并分析其工作过程。

6. 简述注塑机液压系统的特点。

7. 试分析注塑机的工作过程。

8. 实现题 8 图所示液压系统工作循环,试完成下列各题。

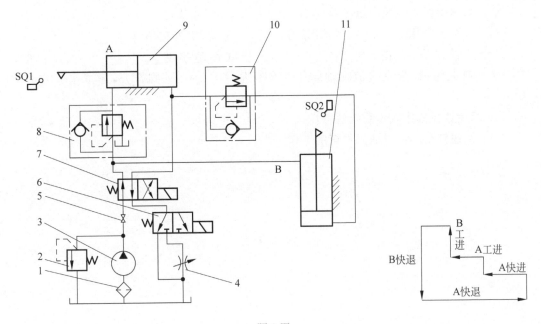

题 2 图

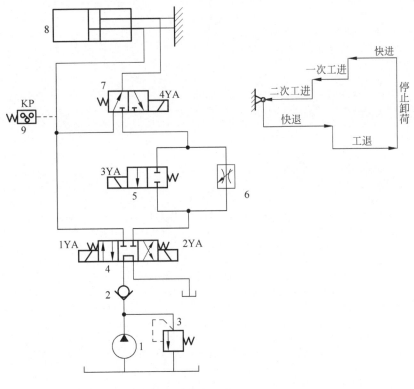

题 8 图

(1) 列出电磁铁和压力继电器的动作顺序表。

(2) 阀 2 的名称是_____,其作用是_____。阀 3 的作用是_____。

(3) 系统快进时,由于形成了_____,故缸移动速度_____;一次工进时,_____阀关闭,油液直接流回油箱;二次工进时,_____阀打开,形成了_____回路。

9. 简述数控机床液压系统的特点。

10. 简述汽车起重机液压系统的工作过程。

项目 5

气压传动系统的基本组成

知识目标

- 能够掌握气压传动的组成及工作原理。
- 能够理解气源系统的设备组成及布置要求。
- 能够熟悉执行元件使用的条件、场合及功能特点。
- 能够了解气动控制元件的工作原理。

技能目标

- 能够掌握各气压元件的类型、功能及主要结构特点。
- 能够明确气压元件在气动系统中所处的位置和作用。
- 学会比较几种气压元件的区别,培养独立思考能力及自主学习能力。

职业素养

- 培养严谨细致、一丝不苟、实事求是的科学态度和探索精神。
- 增强安全操作意识,形成严谨认真的工作态度。

任务 1　认识气压传动系统

　　气压传动简称气动,是指以压缩空气为工作介质,来传递动力和控制信号,控制和驱动各种机械和设备,以实现生产过程机械化、自动化的一门技术。

气动是流体传动及控制学科的一个重要分支。以压缩空气作为工作介质,具有防火、防爆、防电磁干扰,抗振动、冲击、辐射,无污染、结构简单、工作可靠等优点,所以气动技术与液压、机械、电气和电子技术一起,互相补充,已成为实现生产过程自动化的一种重要手段,近年来得到了迅速发展,在机械、冶金、轻工、航空、交通运输、国防建设等领域得到广泛的应用。

一、气压传动的组成及工作原理

气压传动利用空压机把电动机或其他原动机输出的机械能转换为空气的压力能,然后在控制元件的作用下,通过执行元件把压力能转换为直线运动或回转运动形式的机械能,从而完成各种动作,并对外做功。由此可知,气压传动系统和液压传动系统类似,也是由四部分组成的,如图 5-1-1 所示。

1. 气源装置

气源装置是获得压缩空气的装置,其主体部分是空气压缩机(空压机),它将原动机供给的机械能转变为气体的压力能。

2. 控制元件

控制元件用来控制压缩空气的压力、流量和流动方向,以便使执行机构完成预定的工作循环,它包括各种压力控制阀、流量控制阀和方向控制阀等。

3. 执行元件

执行元件是将气体的压力能转换成机械能的一种能量转换装置,包括实现直线往复运动的气缸和实现连续回转运动或摆动的气马达等。

4. 辅助元件

辅助元件是保证压缩空气的净化、元件的润滑、元件间的连接及消声等所必需的元件,包括过滤器、油雾器、管接头及消声器等。

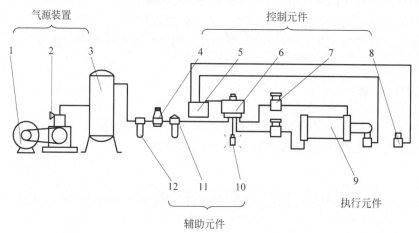

图 5-1-1　气动系统的组成示意图

1—电动机;2—空气压缩机;3—气罐;4—压力控制阀;5—逻辑元件;6—方向控制阀;7—流量控制阀;8—行程阀;9—气缸;10—消声器;11—油雾器;12—分水滤气器

二、气压传动的优缺点

1. 气压传动的优点

(1) 空气随处可取,取之不尽,节省了购买、储存、运输介质的费用和麻烦;用完后的空气直接排入大气,对环境无污染,处理方便,不必设置回收管路,因而也不存在介质变质、补充和更换等问题。

(2) 空气黏度小(约为液压油的万分之一),在管内流动阻力小,压力损失小,便于集中供气和远距离输送。即使有泄漏,也不会像液压油一样污染环境。

(3) 与液压相比,气动反应快,动作迅速,维护简单,管路不易堵塞。

(4) 气动元件结构简单,制造容易,适于标准化、系列化、通用化。

(5) 气动系统对工作环境适应性好,特别在易燃、易爆、多尘埃、强磁、辐射、振动等恶劣工作环境中工作时,安全可靠性优于液压、电子和电气系统。

(6) 空气具有可压缩性,使气动系统能够实现过载自动保护,也便于储气罐储存能量,以备急需。

(7) 排气时气体因膨胀而温度降低,因而气动设备可以自动降温,长期运行也不会发生过热现象。

2. 气压传动的缺点

(1) 空气具有可压缩性,当载荷变化时,气动系统的动作稳定性差,但可以采用气液联动装置解决此问题。

(2) 工作压力较低(一般为 0.4~0.8MPa),又因结构尺寸不宜过大,因而输出功率较小。

(3) 气信号传递的速度比光、电子速度慢,故不宜用于要求高传递速度的复杂回路中,但对一般机械设备,气动信号的传递速度是能够满足要求的。

(4) 排气噪声大,需加消声器。

气压传动与其他传动的性能比较见表 5-1-1。

表 5-1-1 气压传动与其他传动的性能比较

类型		操作力	动作快慢	环境要求	构造	负载变化影响	操作距离	无级调速	工作寿命	维护	价格
气压传动		中等	较快	适应性好	简单	较大	中距离	较好	长	一般	便宜
液压传动		最大	较慢	不怕振动	复杂	有一些	短距离	良好	一般	要求高	稍贵
电传动	电气	中等	快	要求高	稍复杂	几乎没有	远距离	良好	较短	要求较高	稍贵
	电子	最小	最快	要求特高	最复杂	没有	远距离	良好	短	要求更高	最贵
机械传动		较大	一般	一般	一般	没有	短距离	较困难	一般	简单	一般

任务 2　认识气源装置及辅助元件

一、气源装置及辅助元件

气压传动系统中的气源装置是为气动系统提供满足一定质量要求的压缩空气,它是气压传动系统的重要组成部分。由空气压缩机产生的压缩空气,必须经过降温、净化、减压、稳压等一系列处理后,才能供给控制元件和执行元件使用。而用过的压缩空气排向大气时,会产生噪声,应采取措施,降低噪声,改善劳动条件和环境质量。

1. 气源装置

气源装置对压缩空气的要求如下。

(1) 要求压缩空气具有一定的压力和足够的流量。因为压缩空气是气动装置的动力源,没有一定的压力不但不能保证执行机构产生足够的推力,甚至连控制机构都难以正确地动作,没有足够的流量,就不能满足对执行机构运动速度和程序的要求等。总之,压缩空气没有一定的压力和流量,气动装置的一切功能均无法实现。

(2) 要求压缩空气有一定的清洁度和干燥度。清洁度是指气源中含油量、含灰尘杂质量及颗粒大小都要控制在很低范围内。干燥度是指压缩空气中含水量的多少,气动装置要求压缩空气的含水量越低越好。由空气压缩机排出的压缩空气,虽然能满足一定的压力和流量的要求,但不能为气动装置直接使用。因为一般气动设备使用的空气压缩机都是属于工作压力较低(小于 1MPa),用油润滑的活塞式空气压缩机,它从大气中吸入含有水分和灰尘的空气,经压缩后,空气温度升高至 140~180℃,这时空气压缩机气缸中的润滑油也部分成为气态,这样油分、水分以及灰尘便形成混合的胶体微尘与杂质混在压缩空气中一同排出,如果将此压缩空气直接输送给气动装置使用,将会产生下列影响:

① 混在压缩空气中的油蒸气可能聚集在储气罐、管道、气动系统的容器中形成易燃物,有引起爆炸的危险;润滑油被气化后,会形成一种有机酸,对金属设备、气动装置有腐蚀作用,影响设备的寿命。

② 混在压缩空气中的杂质能沉积在管道和气动元件的通道内,减少了通道面积,增加了管道阻力。特别是对内径只有 0.2~0.5mm 的某些气动元件会造成阻塞,使压力信号不能正确传递,整个气动系统不能稳定工作甚至失灵。

③ 压缩空气中含有的饱和水分,在一定的条件下会凝结成水,并聚集在个别管道中。在寒冷的冬季,凝结的水会使管道及附件结冰而损坏,影响气动装置的正常工作。

④ 压缩空气中的灰尘等杂质,对气动系统中作往复运动或转动的气动元件(如气缸、气马达、气动换向阀等)的运动副会产生研磨作用,使这些元件因漏气而降低效率,影响它的使用寿命。

因此气源装置必须设置一些除油、除水、除尘,并使压缩空气干燥,提高压缩空气质量,进行气源净化处理的辅助设备。

2. 气源系统的设备组成及布置

气源装置包括压缩空气的发生装置以及压缩空气的存储、净化等辅助装置。它为气动系统提供合乎质量要求的压缩空气,是气动系统的一个重要组成部分。

气源装置一般由气压发生装置、净化及储存压缩空气的装置和设备、传输压缩空气的管道系统和气动联件四部分组成,如图 5-2-1 所示为气源装置的组成和布置图。

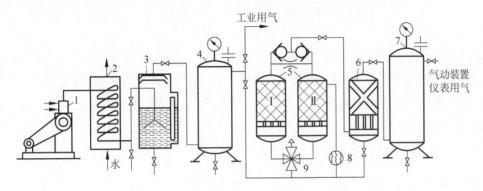

图 5-2-1　气源装置的组成和布置

1—空气压缩机;2—后冷却器;3—油水分离器;4、7—储气罐;5—干燥器;6—过滤器;8—加热器;9—四通阀

在图 5-2-1 中,1 为空气压缩机,用以产生压缩空气,一般由电动机带动,其吸气口装有空气过滤器,以减少进入空气压缩机内气体的杂质量。2 为后冷却器,用以降温冷却压缩空气,使气化的水、油凝结起来。3 为油水分离器,用以分离并排出降温冷却凝结的水滴、油滴、杂质等。4、7 为储气罐,用以储存压缩空气,稳定压缩空气的压力,并除去部分油分和水分。5 为干燥器,用以进一步吸收或排除压缩空气中的水分及油分,使之变成干燥空气。6 为过滤器,用以进一步过滤压缩空气中的灰尘、杂质颗粒。储气罐 4 输出的压缩空气可用于一般要求的气压传动系统,储气罐 7 输出的压缩空气可用于要求较高的气动系统(如气动仪表及射流元件组成的控制回路等)。8 为加热器,可将空气加热,使热空气吹入闲置的干燥器中进行再生,以备干燥器Ⅰ、Ⅱ交替使用。9 为四通阀,用于转换两个干燥器的工作状态。

3. 空气压缩机的分类

空气压缩机简称空压机,是气源装置的核心,用以将原动机输出的机械能转化为气体的压力能。空压机有以下几种分类方法。

(1)按工作原理分类。

(2)按输出压力 p 分类。

(3)按输出流量 q_z(即铭牌流量或自由流量)分类。

4. 空气压缩机的工作原理

气动系统中最常用的是往复活塞式空压机,其工作原理如图 5-2-2 所示。

5. 空气压缩机的选用原则

选择空压机主要依据气动系统所需的工作压力和流量两个主要参数。空气压缩机的

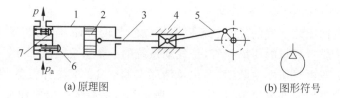

(a) 原理图   (b) 图形符号

图 5-2-2   活塞式压缩机工作原理

1—缸体；2—活塞；3—活塞杆；4—滑块；5—曲柄连杆机构；6—吸气阀；7—排气阀

额定压力应等于或略高于气动系统所需的工作压力，一般气动系统的工作压力为 0.4～ 0.8MPa，故常选用低压空压机，特殊需要也可选用中、高压或超高压空压机。

输出流量的选择要根据整个气动系统对压缩空气的需要再加一定的备用余量，作为选择空气压缩机(或机组)流量的依据。空气压缩机铭牌上的流量是自由空气流量。

二、气动辅助元件

气动辅助元件分为气源净化装置和其他辅助元件两大类。

1. 气源净化装置

压缩空气净化装置一般包括后冷却器、油水分离器、储气罐、干燥器、过滤器等。

(1) 后冷却器

后冷却器安装在空气压缩机出口处的管道上。它的作用是将空气压缩机排出的压缩空气温度由 140～180℃降至 40～50℃。这样就可使压缩空气中的油雾和水气迅速达到饱和，使大部分析出并凝结成油滴和水滴，以便经油水分离器排出。后冷却器的结构形式有蛇形管式、列管式、散热片式、管套式。冷却方式有水冷和气冷两种，如图 5-2-3 所示为蛇形管和列管式后冷却器的结构。

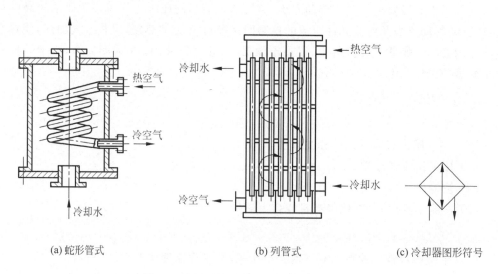

(a) 蛇形管式   (b) 列管式   (c) 冷却器图形符号

图 5-2-3   蛇形管和列管式后冷却器的结构

（2）油水分离器

油水分离器安装在后冷却器出口管道上，它的作用是分离并排出压缩空气中凝聚的油分、水分和灰尘杂质等，使压缩空气得到初步净化。油水分离器的结构形式有环形回转式、撞击折回式、离心旋转式、水浴式及以上形式的组合使用等。应用较多的是使气流撞击并产生环形回转流动的结构形式。如图 5-2-4 所示油水分离器，当压缩空气由进气管进入分离器壳体后，气流先受到隔板的阻挡，产生流向和速度的急剧变化，流向如图 5-2-4 中箭头所示，而在压缩空气中凝聚的水滴、油滴等杂质受到惯性作用分离出来，沉降在壳体底部，由下部的排污阀排出。

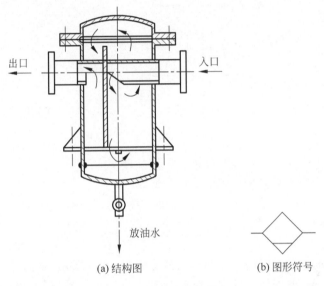

出口　入口

放油水

(a) 结构图　(b) 图形符号

图 5-2-4　油水分离器

为了增强油水分离的效果，气流回转后的上升速度越小越好，则分离器的内径就要做得很大。一般上升速度控制在 1m/s，油水分离器的高度与内径之比为 3.5～4。

（3）储气罐

储气罐的主要作用是：

① 储存一定数量的压缩空气，以备发生故障或临时需要时应急使用；

② 消除由于空气压缩机断续排气而对系统引起的压力脉动，保证输出气流的连续性和平稳性；

③ 进一步分离压缩空气中的油、水等杂质。

储气罐一般采用焊接结构，以立式居多，如图 5-2-5(a) 所示为储气罐的结构图。立式储气罐的高度为其直径的 2～3 倍，同时应设置进气管在下，出气管在上，并尽可能加大两气管之间的距离，以利于进一步分离空气中的油和水。同时，气罐上应配置安全阀、压力表、排水阀和清理检查用的孔口等。如图 5-2-5(b) 所示为储气罐的图形符号。

（4）干燥器

经过后冷却器、油水分离器和储气罐后得到初步净化的压缩空气，已满足一般气压传动的需要。但压缩空气中仍含有一定量的油、水以及少量的粉尘，如果用于精密的气动装

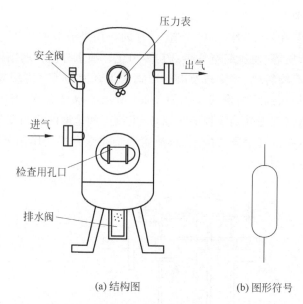

(a) 结构图   (b) 图形符号

图 5-2-5   储气罐结构图和图形符号

置、气动仪表等,上述压缩空气还必须进行干燥处理。

压缩空气的干燥主要采用吸附法和冷却法。

吸附法是利用具有吸附性能的吸附剂(如硅胶、铝胶或分子筛等)来吸附压缩空气中含有的水分,而使其干燥;冷却法是利用制冷设备使空气冷却到一定的露点温度,析出空气中超过饱和水蒸气部分的多余水分,从而达到所需的干燥度。吸附法是干燥处理方法中应用最为普遍的一种。吸附式干燥器的结构如图 5-2-6 所示,它的外壳呈筒形,其中分层设置栅板、吸附剂、滤网等。湿空气从进气管 1 进入干燥器,通过吸附剂层 21、钢丝过滤网 20、上栅板 19 和下部吸附层剂 16 后,因其中的水分被吸附剂吸收而变得很干燥。然后,再经过钢丝过滤网 15、下栅板 14 和钢丝过滤网 12,干燥、洁净的压缩空气便从干燥空气输出管 8 排出。

(5) 过滤器

空气的过滤是气压传动系统中的重要环节。不同的场合,对压缩空气的要求也不同。过滤器的作用是进一步滤除压缩空气中的杂质。常用的过滤器有一次过滤器(也称简易过滤器,滤灰效率为 50%～70%);二次过滤器(滤灰效率为 70%～99%)。在要求较高的特殊场合,还可使用高效率的过滤器(滤灰效率大于 99%)。

① 一次过滤器

如图 5-2-7 所示为一种一次过滤器结构图,气流由切线方向进入筒内,在离心力的作用下分离出液滴,然后气体由下而上通过多片钢板、毛毡、硅胶、焦炭、滤网等过滤吸附材料,干燥清洁的空气从筒顶输出。

② 分水滤气器

分水滤气器滤灰能力较强,属于二次过滤器,它和减压阀、油雾器一起称为气动三联件,是气动系统中不可缺少的辅助元件。普通分水滤气器的结构图如图 5-2-8 所示。工作时,压缩空气从输入口进入后,被引入旋风叶子 1,旋风叶子上有很多小缺口,使空气沿

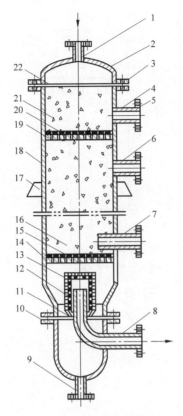

图 5-2-6 吸附式干燥器结构

1—湿空气进气管；2—顶盖；3、5、10—法兰；4、6—再生空气排气管；7—再生空气进气管；8—干燥空气输出管；9—排水管；11、22—密封座；12、15、20—钢丝过滤网；13—毛毡；14—下栅板；16、21—吸附剂层；17—支撑板；18—筒体；19—上栅板

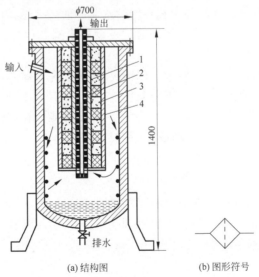

(a) 结构图   (b) 图形符号

图 5-2-7 一次过滤器结构

1—φ10 密孔网；2—280 目细钢丝网；3—焦炭；4—硅胶等

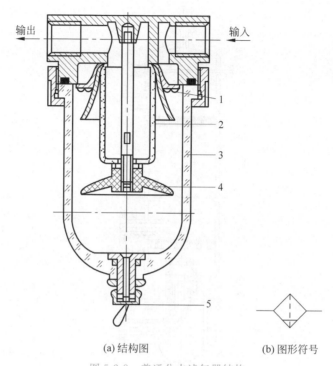

(a) 结构图　　　　　　　　　(b) 图形符号

图 5-2-8　普通分水滤气器结构

1—旋风叶子；2—滤芯；3—存水杯；4—挡水板；5—手动排水阀

切线反向产生强烈的旋转,这样夹杂在气体中的较大水滴、油滴、灰尘(主要是水滴)便获得较大的离心力,并高速与存水杯 3 内壁碰撞,而从气体中分离出来,沉淀于存水杯 3 中,然后气体通过中间的滤芯 2,部分灰尘、雾状水被拦截而滤去,洁净的空气便从输出口输出。挡水板 4 是防止气体旋涡将杯中积存的污水卷起而破坏过滤作用。为保证分水滤气器正常工作,必须及时将存水杯中的污水通过手动排水阀 5 放掉。在某些人工排水不方便的场合,可采用自动排水式分水滤气器。

存水杯由透明材料制成,便于观察工作情况、污水情况和滤芯污染情况。滤芯目前采用铜粒烧结而成。发现油泥过多,可采用酒精清洗,干燥后再装上,可继续使用。但是这种过滤器只能滤除固体和液体杂质,因此,使用时应尽可能装在能使空气中的水分变成液态的部位或防止液体进入的部位,如气动设备的气源入口处。

2. 其他辅助元件

(1) 转换器

在气动控制系统中,与其他自动控制装置一样,都有发信、控制和执行部分,其控制部分工作介质是气体,而信号传感部分和执行部分不一定全用气体,也可能用电或液体传输,这就需要通过转换器来转换。常用的有气电转换器、电气转换器和气液转换器等。

① 气电转换器

它是把气信号转换成电信号的装置,即利用输入气信号的变化引起可动部件(如膜片、顶杆等)的位移来接通或断开电路,以输出电信号。气电转换器按输入气信号压力的大小分为高压、中压和低压三种。高压气电转换器又称为压力继电器。

如图 5-2-9 所示为压力继电器,硬芯和焊片是两个触点,无气信号输入时是断开的。有一定压力气信号输入时,膜片向上运动带动硬芯和限位螺钉接触,与焊片接通,发出电信号;气信号消失时,膜片带动硬芯复位,触点断开,电信号消失。调节螺钉可以调整接受气信号压力的大小。

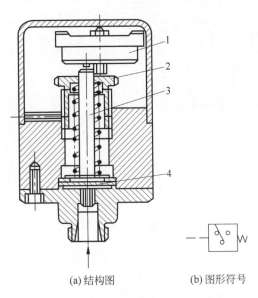

(a) 结构图   (b) 图形符号

图 5-2-9   压力继电器
1—微动开关;2—调节螺母;3—顶杆;4—膜片

使用气电转换器时,应避免将其安装在振动较大的地方,并不应倾斜和倒置,以免产生误动作,造成事故。

② 电气转换器

它是将电信号转换成气信号输出的装置,与气电转换器作用刚好相反。按输出气信号的压力也分为高压、中压和低压三种,常用的电磁阀是一种高压电气转换器。如图 5-2-10 所示为喷嘴挡板式电气转换器结构图。通电时线圈产生磁场将衔铁吸下,使挡板堵住喷嘴,气源输入的气体经过节流孔后从输出口输出,即有输出气信号。断电时磁场消失,衔铁在弹性支撑的作用下使挡板离开喷嘴,气源输入的气体经节流孔后从喷嘴喷出,输出口则无气信号输出。这种电气转换器一般为直流电源,气源压力低,属低压电气转换器。

③ 气液转换器

气动系统中常常使用气液阻尼缸或液压缸作执行元件,以求获得平稳的速度,因此就需要一种把气信号转换成液压信号输出的装置,这就是气液转换器。常用的气液转换器有两种:一种是气液直接接触或带活塞、隔膜式,即在一筒式容器内,压缩空气直接作用在液面(多为液压油)上,或通过活塞、隔膜作用在液面上,推压液体以同样的压力输出至系统(液压缸等)。如图 5-2-11 所示为筒式气液转换结构,压缩空气由输入口进入转换器,经缓冲装置后作用在液压油面上,因而液压油即以压缩空气相同的压力从转换器输出口 3 输出。缓冲装置 2 用以避免气流直接冲到液面上引起飞溅,视窗 4 用于观察液位高低,转换器的储油量应不小于液压缸最大有效容积的 1.5 倍。

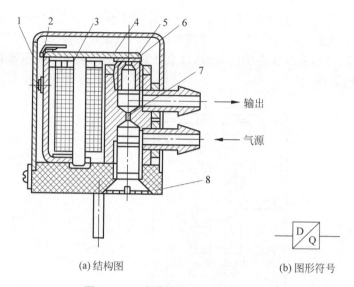

(a) 结构图　　　　　(b) 图形符号

图 5-2-10　喷嘴挡板式电气转换结构

1—罩壳；2—弹性支撑；3—线圈；4—杠杆；5—挡板；6—喷嘴；7—固定节流口；8—底座

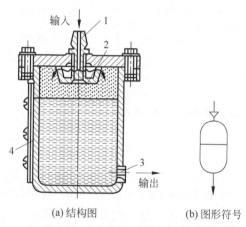

(a) 结构图　　　　　(b) 图形符号

图 5-2-11　筒式气液转换结构

1—输入口；2—缓冲装置；3—输出口；4—视窗

④ 单缸双作用气液泵

单缸双作用气液泵也是一种气液转换装置，它可以连续输出较高压力的液压油，给一个或多个液压执行元件供油。如图 5-2-12 所示为单缸双作用气液泵的工作原理图，汽动活塞 3 向下运动时驱动液压缸活塞向下运动，液压缸下腔压力升高，关闭单向阀 2，并打开单向阀 1，使液压缸下腔的油液经单向阀 1 至液压缸上腔从输出口输出。汽动活塞 3 向上运动时，液压缸上腔压力升高，单向阀 1 关闭，上腔油液被压缩从输出口输出，同时液压缸下腔压力下降，当压力下降到一定值时，单向阀 2 打开，油箱中的油液在大气作用下经单向阀 2 给液压缸上腔补油。由于汽缸活塞有效面积比液压缸大，输出液压油的压力就比输入气体压力高，根据需要设计二者的有效面积比，就可以得到所需要的气液转换放大倍数。这样通过不断切换换向阀 1 使气缸不断往复动作，就能够得到连续不断的高压

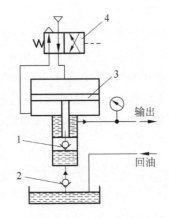

图 5-2-12 单缸双作用气液泵的工作原理

1、2—单向阀；3—气动活塞；4—换向阀

油输出。它用于用油量大而又无专用液压站的场合。

（2）气动延时器

如图 5-2-13 所示为气动延时器的工作原理，当输入气体分两路进入延时器时，由于节流口 1 的作用，膜片 2 下腔的气压首先升高，使膜片堵住油嘴 3，切断气室 4 的排气通路；同时输入气体经节流口 1 向气室缓慢充气。气室 4 的压力逐渐上升到一定压力时，膜片 5 堵住上喷嘴 6，切断低压气源的排空通路，于是输出口 S 便有信号输出。这个输出信号 S 发出的时间在输入信号 A 以后，延迟了一段时间，延迟时间的大小取决于节流口的大小、气室的大小以及膜片 5 的刚度。当输入信号消失后，膜片 2 复位，气室内的气体经下喷嘴排空；膜片 5 复位，气源经上油嘴排空，输出口无输出。节流口 1 可调时，即称为可调式延时器。

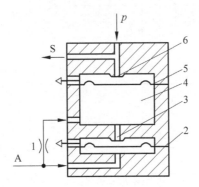

图 5-2-13 气动延时器的工作原理

1—节流口；2、5—膜片；3—喷嘴；4—气室；6—喷嘴

（3）程序器

程序器是一种控制设备，其作用是储存各项预定的工作程序，按预先制定的顺序发出信号，使其他控制装置或执行机构以需要的次序自动动作。程序器一般有时间程序器和行程程序器两种。时间程序器是依据动作时间的先后安排工作程序，按预定的时间间隔顺序发出信号。其结构形式有码盘式、凸轮式、棘轮式、穿孔带式、穿孔卡式等。常见的是

码盘式和凸轮式。

行程程序器是依据执行元件的动作先后顺序安排工作程序,并利用每个动作完成以后发回的反馈信号控制程序器向下一步程序的转换,发出下一步程序相应的控制信号。无反馈信号发回时程序器就不能转换,也不会发出下一步的控制信号。这样就使程序信号指令的输出和执行机构每一步动作有机地联系起来,只有执行机构的每一步都达到预定的位置,发回反馈信号,整个系统才能逐步地按预先选定的程序工作。

任务3　认识气动执行元件

气动执行元件是将压缩空气的压力能转换为机械能的装置,包括气缸和气马达。气缸用于直线往复运动或摆动,气马达用于实现连续回转运动。

一、气缸

气缸是气动系统中使用最广泛的一种执行元件。根据使用条件、场合的不同,其结构、形状和功能也不同,种类很多。

气缸一般根据作用在活塞上力的方向、结构特征、功能及安装方式来分类。常用气缸的分类、简图及其特点见表 5-3-1。

表 5-3-1　常用气缸的分类、简图及其特点

分类	名　称	简　图	特　点
单向作用气缸	柱塞式气缸	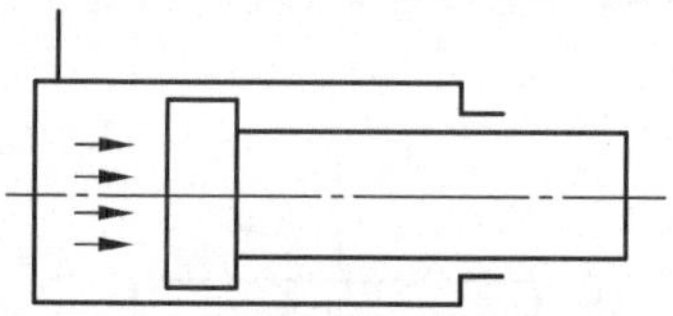	压缩空气使活塞向一个方向运动(外力复位)。输出力小,主要用于小直径气缸
	活塞式气缸(外力复位)	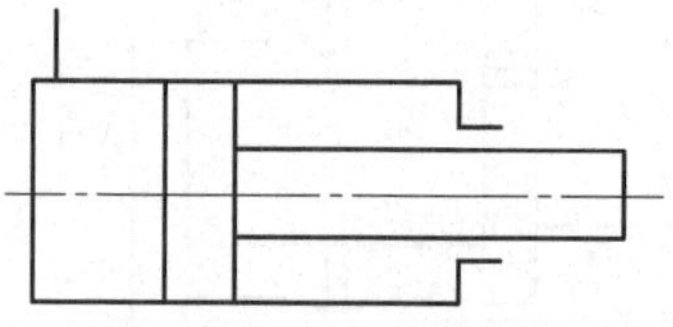	压缩空气只使活塞向一个方向运动,靠外力或重力复位,可节省压缩空气
	活塞式气缸(弹簧复位)	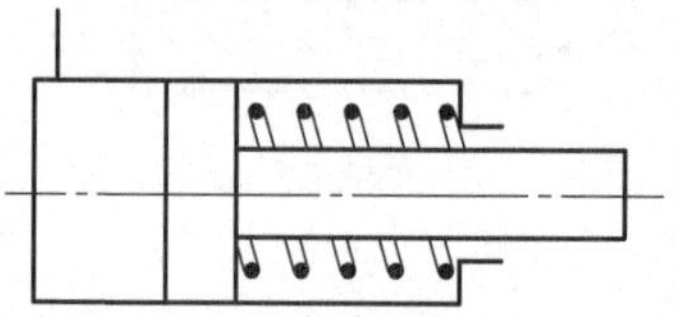	压缩空气只使活塞向一个方向运动,靠弹簧复位。结构简单、耗气量小,弹簧起背压缓冲作用。用于行程较小、对推力和速度要求不高的地方
	膜片式气缸	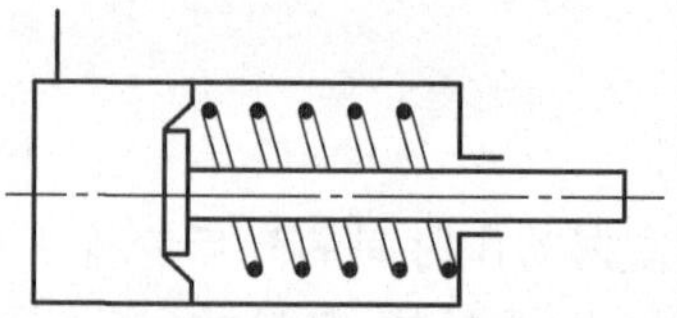	压缩空气只使膜片向一个方向运动,靠弹簧复位。密封性好,但运动件行程短

续表

分类	名　称	简　图	特　点
双向作用气缸	无缓冲气缸（普通气缸）	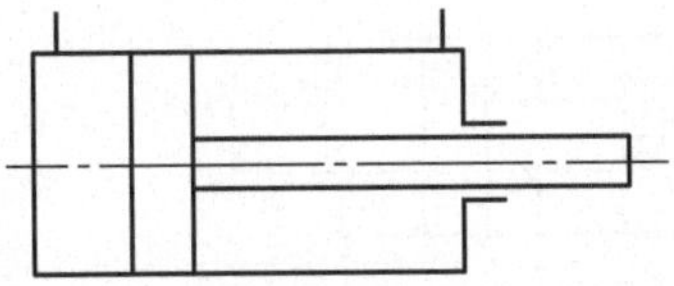	利用压缩空气使活塞向两个方向运动，活塞行程可根据需要选定。它是气缸中最普通的一种，应用广泛
	双活塞杆气缸	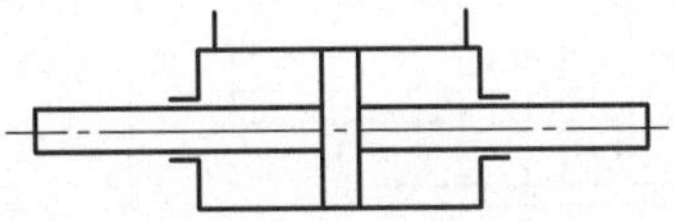	活塞左右运动速度和行程均相等。通常活塞杆固定、缸体运动，适合于长行程
	回转气缸	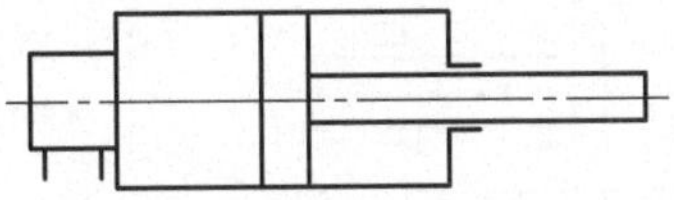	进排气导管和气缸本体可相对转动，可用于车床的气动回转夹具上
	缓冲气缸（不可调）	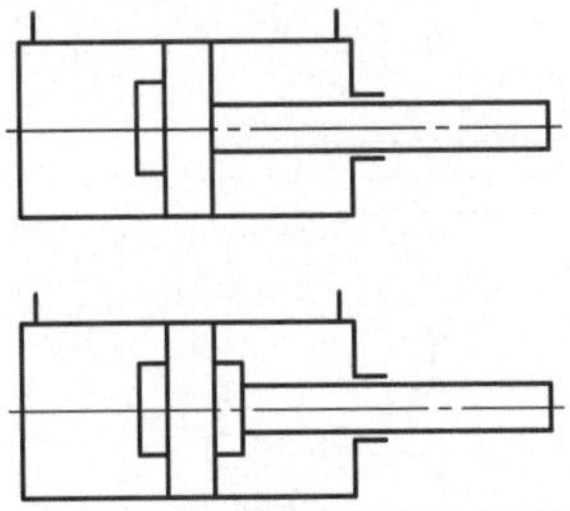	活塞运动到接近行程终点时，减速制动。减速值不可调整，上图为一端缓冲，下图为两端缓冲
	缓冲气缸（可调）	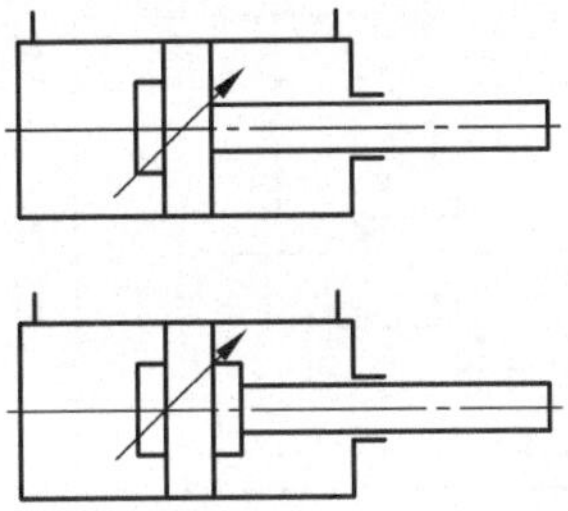	活塞运动到接近行程终点时，减速制动，减速值可根据需要调整
	差动气缸	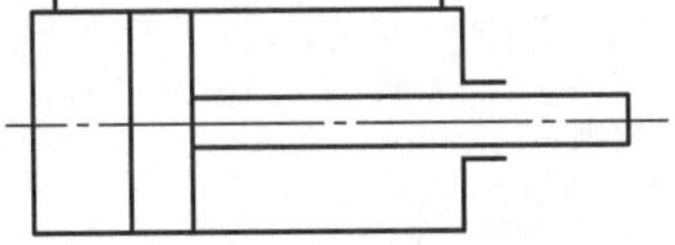	气缸活塞两端有效作用面积差较大，利用压力差使活塞作往复运动（活塞杆侧始终供气）。活塞杆伸出时，因有背压，运动较为平稳，其推力和速度均较小
	双活塞气缸	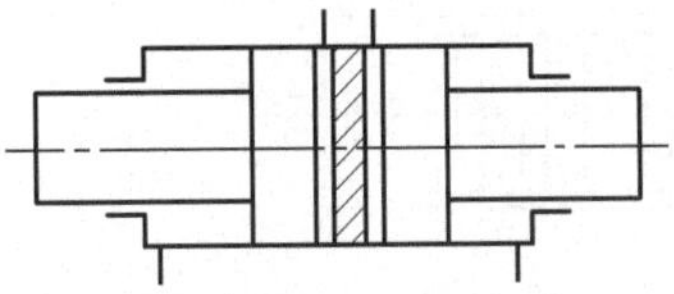	两个活塞可以同时向相反方向运动
	多位气缸	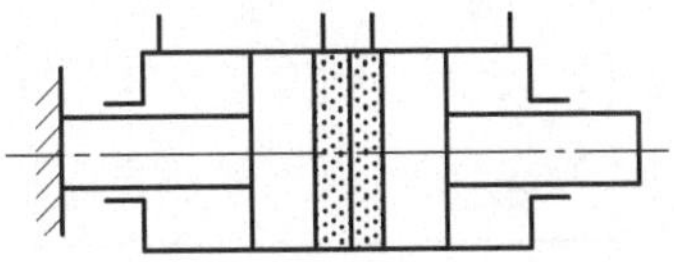	活塞杆沿行程长度有四个位置。当气缸的任一空腔与气源相通时，活塞杆到达四个位置中的一个

续表

分类	名　称	简　图	特　点
	串联式气缸	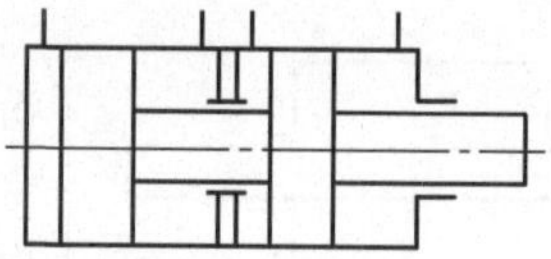	两个活塞串联在一起,当活塞直径相同时,活塞杆的输出力可增大一倍
	冲击气缸	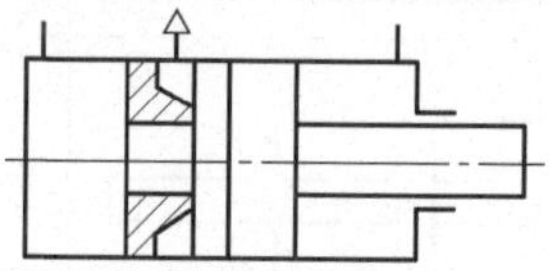	利用突然大量供气和快速排气相结合的方法,得到活塞杆的冲击运动。用于冲孔、切断、锻造等
	膜片气缸	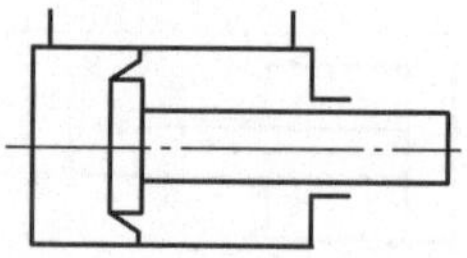	密封性好,加工简单,但运动件行程短
组合气缸	增压气缸	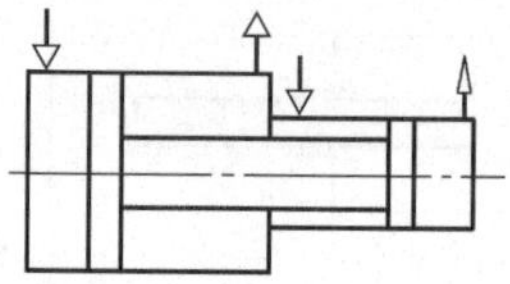	两端活塞面积不等,利用压力与面积的乘积不变的原理,使小活塞侧输出压力增大
	气液增压缸	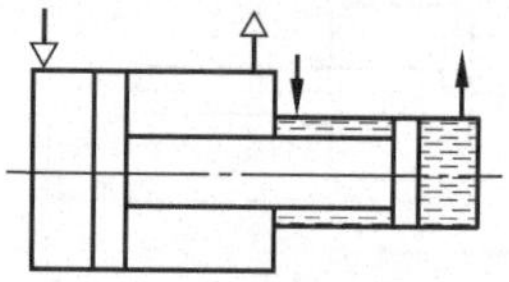	根据液体不可压缩和力的平衡原理,利用两个活塞的面积不等,由压缩空气驱动大活塞,使小活塞侧输出高压液体
	气液阻尼缸	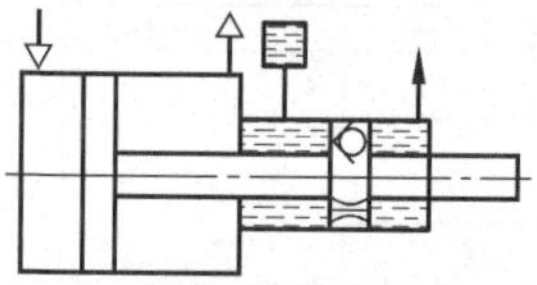	利用液体不可压缩的性能和液体排量易于控制的优点,获得活塞杆的稳速运动
	齿轮齿条式气缸	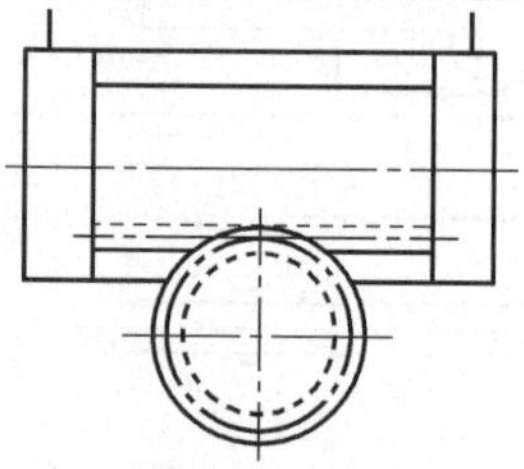	利用齿条齿轮传动,将活塞杆的直线往复运动变为输出轴的旋转运动,并输出力矩
	步进气缸	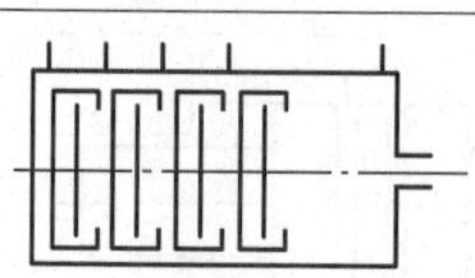	将若干个活塞轴向依次安装在一起,各个活塞的行程由短到长,按几何级数增加,可根据对行程的要求,使若干个活塞同时向前运动
	摆动式气缸(单叶片式)	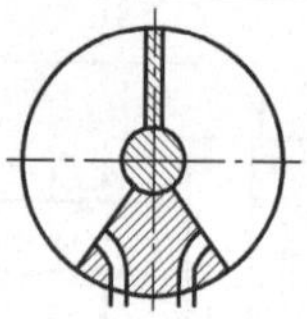	直接利用压缩空气的能量,使输出轴产生旋转运动,旋转角小于360°

续表

分　类	名　　称	简　图	特　　点
组合气缸	摆动式气缸(双叶片式)		直接利用压缩空气的能量,使输出轴产生旋转运动(旋转角小于180°),并输出力矩

1. 普通气缸

在各类气缸中使用最多的是活塞式单活塞杆型气缸,称为普通气缸。普通气缸可分为双向作用气缸和单向作用气缸两种。

(1) 双向作用气缸

如图 5-3-1(a)所示是单活塞杆双向作用气缸的结构简图,它由缸筒、前后缸盖、活塞、活塞杆、紧固件和密封件等零件组成。

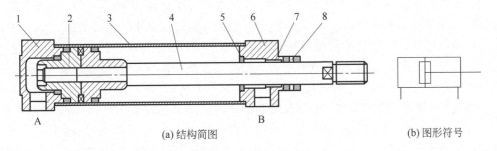

(a)结构简图　　　　　　　　　　　　　　(b)图形符号

图 5-3-1　单活塞杆双向作用气缸的结构简图和图形符号

1—后缸盖;2—活塞;3—缸筒;4—活塞杆;5—缓冲密封圈;6—前缸盖;7—导向套;8—防尘圈

当 A 孔进气、B 孔排气时,压缩空气作用在活塞左侧面积上的作用力大于作用在活塞右侧面积上的作用力和摩擦力时,压缩空气推动活塞向右移动,使活塞杆伸出。反之,当 B 孔进气、A 孔排气时,压缩空气推动活塞向左移动,使活塞和活塞杆缩回到初始位置。

由于该气缸缸盖上设有缓冲装置,所以又被称为缓冲气缸,如图 5-3-1(b)所示为图形符号。

(2) 单向作用气缸

如图 5-3-2 所示为一种单向作用气缸的结构简图。压缩空气只从气缸一侧进入气缸,推动活塞输出驱动力;另一侧靠弹簧力推动活塞返回。部分气缸靠活塞和运动部件的自重或外力返回。

这种气缸的特点是:

① 结构简单。由于只需向一端供气,耗气量小。

② 复位弹簧的反作用力随压缩行程的增大而增大,因此活塞的输出力随活塞运动的行程增加而减小。

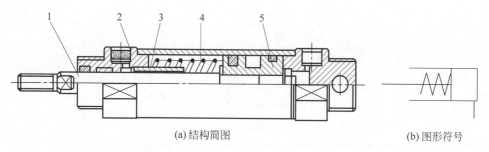

(a) 结构简图　　　　　　　　　　　　(b) 图形符号

图 5-3-2　一种单向作用气缸的结构简图和图形符号

1—活塞杆；2—过滤片；3—止动套；4—弹簧；5—活塞

③ 缸体内安装弹簧,增加了缸筒长度,缩短了活塞的有效行程。这种气缸一般多用于行程短,对输出力和运动速度要求不高的场合。

2. 特殊气缸

(1) 气液阻尼缸

普通气缸工作时,由于气体的压缩性,当外部载荷变化较大时,会产生"爬行"或"自走"现象,使气缸的工作不稳定。为了使气缸运动平稳,普遍采用气液阻尼缸。

气液阻尼缸由气缸和油缸组合而成,如图 5-3-3 所示为气液阻尼缸的工作原理图。它以压缩空气为能源,并利用油液的不可压缩性和控制油液排量来获得活塞的平稳运动和调节活塞的运动速度。它将油缸和气缸串联成一个整体,两个活塞固定在一根活塞杆上。当气缸右端供气时,气缸克服外负载并带动油缸同时向左运动,此时油缸左腔排油、单向阀关闭,油液只能经节流阀缓慢流入油缸右腔,对整个活塞的运动起阻尼作用。调节节流阀的阀口大小就能达到调节活塞运动速度的目的。当压缩空气经换向阀从气缸左腔进入时,油缸右腔排油,此时因单向阀开启,活塞能快速返回原来位置。

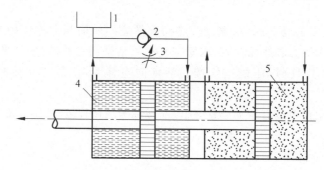

图 5-3-3　气液阻尼缸的工作原理

1—油箱；2—单向阀；3—节流阀；4—油缸；5—气缸

这种气液阻尼缸的结构一般是将双活塞杆缸作为油缸,因为这样可使油缸两腔的排油量相等,此时油箱内的油液只用来补充因油缸泄漏而减少的油量,一般用油杯就行了。

(2) 薄膜式气缸

薄膜式气缸是一种利用压缩空气通过膜片推动活塞杆做往复直线运动的气缸,它由缸体、膜片、膜盘和活塞杆等主要零件组成,其功能类似于活塞式气缸,分为单作用式和双作用式两种,如图 5-3-4 所示为薄膜式气缸结构简图。

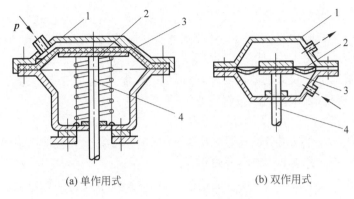

(a) 单作用式　　　　　　　　　(b) 双作用式

图 5-3-4　薄膜式气缸结构简图

1—缸体；2—膜片；3—膜盘；4—活塞杆

　　薄膜式气缸的膜片可以做成盘形膜片和平膜片两种形式。膜片材料为夹织物橡胶、钢片或磷青铜片。常用的是夹织物橡胶,橡胶的厚度一般为 5～6mm,有时也可用 1～3mm。金属式膜片只用于行程较短的薄膜式气缸中。

　　薄膜式气缸和活塞式气缸相比较,具有结构简单、紧凑、制造容易、成本低、维修方便、寿命长、泄漏少、效率高等优点。但是膜片的变形量有限,故其行程短(一般不超过 40～50mm),且气缸活塞杆上的输出力随着行程的加大而减小。

3. 气缸的使用注意事项

　　(1) 使用气缸时,应该符合气缸的正常工作条件,以取得较好的使用效果。这些条件有工作压力范围、耐压性、环境温度范围、使用速度范围、润滑条件等。由于气缸的品种繁多,各种型号的气缸性能和使用条件各不相同,而且各个生产厂家规定的条件也各不相同,因此,要根据各生产厂的产品样本来选择和使用气缸。

　　(2) 活塞杆只能承受轴向负载,不允许承受偏负载或径向负载。安装时要保证负载方向与气缸轴线一致。

　　(3) 要避免气缸在行程终端发生大的碰撞,以防损坏机构或影响精度。除缓冲气缸外,一般可采用附加缓冲装置。

　　(4) 除无给油润滑气缸外,都应对气缸进行给油润滑。一般在气源入口处安装油雾器；湿度大的地区还应装除水装置,在油雾器前安装分水滤气器。在环境温度很低的冰冻地区,对介质(空气)的除湿要求更高。

　　(5) 气动设备如果长期闲置不使用,应定期通气运行和保养,或把气缸拆下涂油保护,以防锈蚀和损坏。

二、气马达

　　气马达也是气动执行元件的一种,它的作用相当于电动机或液压马达,即输出转矩,拖动机构做旋转运动。

1. 气马达的分类及特点

气马达按结构形式可分为叶片式气马达、活塞式气马达和齿轮式气马达等。最常见的是活塞式气马达和叶片式气马达。叶片式气马达制造简单,结构紧凑,但低速运动转矩小,低速性能不好,适用于中、低功率的机械,目前在矿山及风动机械中应用普遍。活塞式气马达在低速情况下有较大的输出功率,它的低速性能好,适宜于载荷较大和要求低速转矩的机械,如起重机、绞车、绞盘、拉管机等。

与液压马达相比,气马达具有以下特点。

(1) 工作安全。可以在易燃易爆场所工作,同时不受高温和振动的影响。

(2) 可以长时间满载工作而温升较小。

(3) 可以实现无级调速。只要控制进气流量,就能调节马达的转速和功率。

(4) 具有较高的启动转矩,可以直接带负载运动。

(5) 结构简单,操作方便,维护容易,成本低。

(6) 输出功率相对较小,最大只有约 20kW。

(7) 耗气量大,效率低,噪声大。

2. 气动马达的结构

(1) 叶片式气动马达

如图 5-3-5 所示为叶片式气动马达,它主要由定子、转子、叶片及壳体构成,一般有 3～10 个叶片。定子上有进排气槽孔、转子上铣有径向长槽,槽内装有叶片。定子两端有密封盖,密封盖上有弧形槽与两个进排气孔及叶片底部相连通,转子与定子偏心安装,这样,由转子外表面、定子的内表面、相邻两叶片及两端密封盖形成了若干个密封工作空间。

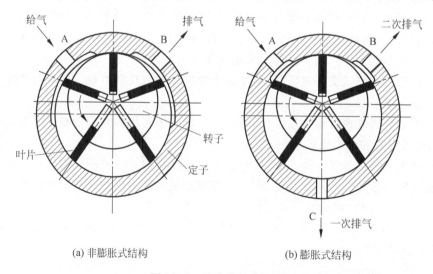

(a) 非膨胀式结构　　　　　　　　　(b) 膨胀式结构

图 5-3-5　叶片式气动马达

如图 5-3-5(a)所示为非膨胀式结构。当压缩空气由 A 孔输入后,分成两路:一路压缩空气经定子两面密封盖的弧形槽进入叶片底部,将叶片推出。叶片就是靠此压力及转子转动时的离心力的综合作用而紧密地抵在定子内壁上。另一路压缩空气经 A 孔进入相应的密封工作空间,作用在叶片上,由于前后两叶片伸出长度不一样,作用面积也就不相等,作用在两叶片上的转矩大小也不一样,且方向相反,因此转子在两叶片的转矩差的作用下,按逆时针方向旋转。做功后的气体由定子排气孔 B 排出。反之,当压缩空气由 B 孔输入时,就产生顺时针方向的转矩差,使转子按顺时针方向旋转。

如图 5-3-5(b)所示为膨胀式结构。当转子转到排气口 C 位置时,工作室内的压缩空气进行第一次排气,随后其余压缩空气继续膨胀直至转子转到输出口 B 位置进行第二次排气。气动马达采用这种结构能有效地利用部分压缩空气膨胀时的能量,提高输出功率。

叶片式气动马达一般在中小容量及高速回转的应用条件下使用,其耗气量比活塞式大,体积小,重量轻,结构简单。其输出功率为 0.1～20kW,转速为 500～25000r/min。另外,叶片式气动马达启动及低速运转时的性能不好,转速低于 500r/min 时必须配用减速机构。叶片式气动马达主要用于矿山机械和气动工具中。

(2)活塞式气动马达

活塞式气动马达是一种通过曲柄或斜盘将若干个活塞的直线运动转变为回转运动的气动马达。按其结构不同,可分为径向活塞式和轴向活塞式两种。

如图 5-3-6 所示为径向活塞式气动马达的结构原理图,其工作室由缸体和活塞构成。3～6 个气缸围绕曲轴呈放射状分布,每个气缸通过连杆与曲轴相连,通过压缩空气分配阀向各气缸顺序供气,压缩空气推动活塞运动,带动曲轴转动。当配气阀转到某角度时,气缸内的余气经排气口排出。改变进、排气方向,可实现气动马达的正反转换向。

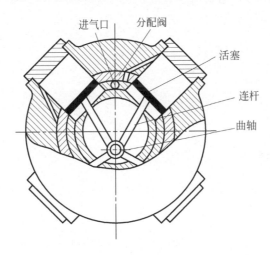

图 5-3-6 径向活塞式气动马达的结构原理

活塞式气动马达适用于转速低、转矩大的场合。其耗气量不小,且构成零件多,价格高,其输出功率为 0.2～20kW,转速为 200～4500r/min。活塞式气动马达主要应用于矿山机械,也可用作传送带等的驱动马达。

(3)齿轮式气动马达

如图 5-3-7 所示为齿轮式气动马达结构原理图。这种气动马达的工作室由一对齿轮构成,压缩空气由对称中心处输入,齿轮在压力的作用下回转。采用直齿轮的气动马达可以正反转动,但供给的压缩空气通过齿轮时不膨胀,因此效率低;当采用人字齿轮或斜齿轮时,压缩空气膨胀60%～70%,提高了效率,但不能正反转。

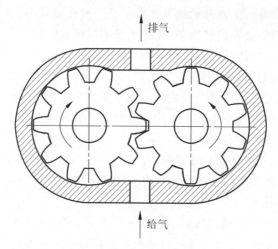

图 5-3-7　齿轮式气动马达结构原理

　　齿轮式气动马达与其他类型的气动马达相比,具有体积小、重量轻、结构简单、对气源质量要求低、耐冲击及惯性小等优点,但转矩脉动较大,效率较低。小型气动马达转速能高达 10 000r/min,大型的能达到 1000r/min,功率可达 50kW,主要用于矿山机械中。

任务4　认识气动控制元件

　　在气压传动系统中,气动控制元件是控制和调节压缩空气的压力、流量和方向的控制阀,其作用是保证气动执行元件(如气缸、气马达等)按设计的程序正常地进行工作。

一、压力控制阀

压力控制阀是调节和控制压力大小的控制阀,包括减压阀、溢流阀、顺序阀等。

1. 减压阀

减压阀又称调压阀,它可以将较高的空气压力降低且调节到符合使用要求的压力,并保持调后的压力稳定。其他减压装置(如节流阀)虽能降压,但无稳压能力。减压阀按压力调节方式,可分成直动式和先导式。

（1）工作原理

　　如图 5-4-1 所示为一种常用的直动式减压阀的结构原理图,此阀可利用手柄直接调节调压弹簧来改变阀的输出压力。

　　顺时针旋转手柄 1,则压缩调压弹簧 2 推动膜片 4 下移,膜片又推动阀芯 5 下移,阀口 7 被打开,气流通过阀口后压力降低。与此同时,部分输出气流经反馈导管 6 进入膜片气室,在膜片上产生一个向上的推力,当此推力与弹簧力相平衡时,输出压力便稳定在一

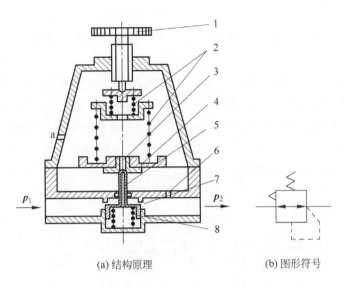

(a) 结构原理   (b) 图形符号

图 5-4-1 直动式减压阀的结构原理和图形符号

1—手柄；2—调压弹簧；3—溢流口；4—膜片；5—阀芯；6—反馈导管；7—阀口；8—复位弹簧

定的值。

若输入压力发生波动,例如压力 p_1 瞬时升高,则输出压力 p_2 也随之升高,作用在膜片上的推力增大,膜片上移,向上压缩弹簧,从溢流口 3 有瞬时溢流,并靠复位弹簧 8 及气压力的作用,使阀杆上移,阀门开度减小,节流作用增大,使输出压力 p_2 下降,直到新的平衡为止。重新平衡后的输出压力又基本上恢复至原值。反之,若输入压力瞬时下降,则输出压力也相应下降,膜片下移,阀门开度增大,节流作用减小,输出压力又基本回升至原值。

如输入压力不变,输出流量变化,使输出压力发生波动(增高或降低)时,依靠溢流口的溢流作用和膜片上力的平衡作用推动阀杆,仍能起稳压作用。

逆时针旋转手柄时,压缩弹簧力不断减小,膜片气室中的压缩空气经溢流口不断从排气孔排出,进气阀芯逐渐关闭,直至最后输出压力降为零。

先导式减压阀是使用预先调整好压力的空气来代替直动式调压弹簧进行调压的,其调节原理和主阀部分的结构与直动式减压阀相同。先导式减压阀的调压空气一般由小型的直动式减压阀供给。若将这种直动式减压阀装在主阀内部,则称为内部先导式减压阀;若将它装在主阀外部,则称为外部先导式或远程控制减压阀。

(2) 减压阀的使用

减压阀在使用过程中应注意以下事项。

① 减压阀的进口压力应比最高出口压力大 0.1MPa 以上。

② 安装减压阀时,最好手柄在上,以便于操作。阀体上的箭头方向为气体的流动方向,安装时不要装反。阀体上堵头可拧下来,安装上压力表。

③ 连接管道安装前,要用压缩空气吹净或用酸蚀法将锈屑等清洗干净。

④ 在减压阀前安装分水滤气器,阀后安装油雾器,以防减压阀中的橡胶件过早

变质。

　　⑤ 减压阀不用时，应旋松手柄回零，以免膜片经常受压产生塑性变形。

2. 溢流阀

　　溢流阀和安全阀在结构和功能方面相类似，有时可以不加以区别。它们的作用是当气动回路和容器中的压力上升到超过调定值时，能自动向外排气，以保持进口压力为调定值。实际上，溢流阀是一种用于维持回路中空气压力恒定的压力控制阀；而安全阀是一种防止系统过载、保证安全的压力控制阀。安全阀和溢流阀的工作原理是相同的，如图 5-4-2 所示是一种直动式溢流阀的工作原理图。

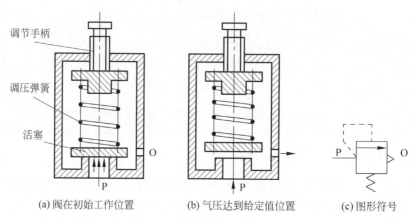

图 5-4-2　直动式溢流阀的工作原理

　　如图 5-4-2(a)所示为阀在初始工作位置，预先调整手柄，使调压弹簧压缩，阀门关闭；如图 5-4-2(b)所示为气压达到给定值，气体压力将克服预紧弹簧力，活塞上移，开启阀门排气；当系统内压力降至给定压力以下时，阀重新关闭。调节弹簧的预紧力，即可改变阀的开启压力。如图 5-4-2(c)所示为图形符号。

　　溢流阀的直动式和先导式的含义与减压阀类似。直动式安全阀一般通径较小，先导式安全阀一般用于通径较大或需要远距离控制的场合。

3. 顺序阀

　　顺序阀是依靠气压的大小来控制气动回路中各元件动作先后顺序的压力控制阀，常用来控制气缸的顺序动作。若将顺序阀与单向阀并联组装成一体，则称为单向顺序阀。如图 5-4-3 所示为顺序阀的工作原理图。

　　如图 5-4-3(a)所示为 P 口进入，压缩空气从 P 口进入阀后，作用在阀芯下面的环形活塞上，当此作用力低于调压弹簧的作用力时，阀关闭。如图 5-4-3(b)所示为 A 口输出，当空气压力超过调定的压力值时，即将阀芯顶起，气压立即作用于阀芯的全面积上，使阀达到全开状态，压缩空气便从 A 口输出。当 P 口的压力低于调定压力时，阀再次关闭。如图 5-4-3(c)所示为图形符号。

　　如图 5-4-4 所示为单向顺序阀。如图 5-4-4(a)所示为 P 口进入 A 口输出，气体正向流动时，进口 P 的气压力作用在活塞上，当它超过压缩弹簧的预紧力时，活塞被顶开，出

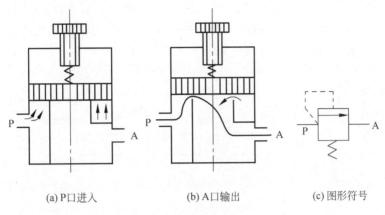

(a) P口进入　　　　(b) A口输出　　　　(c) 图形符号

图 5-4-3　顺序阀的工作原理

口 A 就有输出；而单向阀在压差力和弹簧力作用下处于关闭状态。如图 5-4-4(b)所示为
A 口进入 P 口输出，气体反向流动时，进口变成排气口，出口压力将顶开单向阀，使 A 和
排气口接通。调节手柄可改变顺序阀的开启压力。如图 5-4-4(c)所示为单向顺序阀的图
形符号。

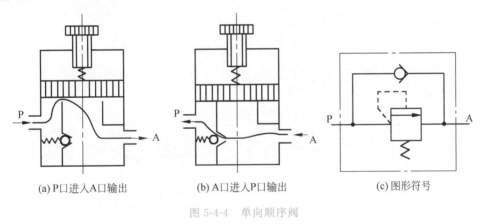

(a) P口进入A口输出　　　　(b) A口进入P口输出　　　　(c) 图形符号

图 5-4-4　单向顺序阀

二、流量控制阀

流量控制阀是通过改变阀的通流截面积来实现流量控制的元件，在气动系统中，控制
气缸运动速度、控制信号延迟时间、控制油雾器的滴油量、控制缓冲气缸的缓冲能力等都
是依靠控制流量来实现的。流量控制阀包括节流阀、单向节流阀、排气节流阀、柔性节流
阀等。

1. 节流阀

如图 5-4-5 所示为常用节流阀的节流口形式。对于节流阀调节特性的要求是流量调
节范围要大、阀芯的位移量与通过的流量呈线性关系。节流阀节流口的形状对调节特性
影响较大。

如图 5-4-5(a)所示为针阀式节流口，当阀开度较小时，调节比较灵敏，当超过一定开

度时,调节流量的灵敏度变差;如图 5-4-5(b)所示为三角槽形节流口,通流面积与阀芯位移量呈线性关系;如图 5-4-5(c)所示为圆柱斜切式节流口,通流面积与阀芯位移量呈指数(指数大于 1)关系,能进行小流量精密调节。

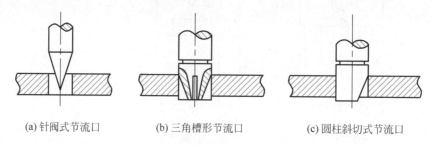

(a) 针阀式节流口　　　　(b) 三角槽形节流口　　　　(c) 圆柱斜切式节流口

图 5-4-5　常用节流阀的节流口形式

如图 5-4-6 所示为节流阀的结构和图形符号。当压力气体从 P 口输入时,气流通过节流通道自 A 口输出。旋转阀芯螺杆,就可改变节流口的开度,从而改变阀的流通面积。

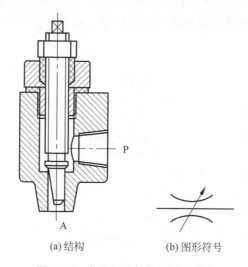

(a) 结构　　　　(b) 图形符号

图 5-4-6　节流阀的结构和图形符号

2. 单向节流阀

单向节流阀是由单向阀和节流阀并联而成的组合式流量控制阀,常用于控制气缸的运动速度,故也称"速度控制阀"。

如图 5-4-7 所示为单向节流阀的结构和图形符号,当气流正向流动时(P→A),单向阀关闭,流量由节流阀控制;反向流动时(A→O),在气压作用下单向阀被打开,无节流作用。若用单向节流阀控制气缸的运动速度,安装时该阀应尽量靠近气缸。在回路中安装单向节流阀时不要将方向装反。为了提高气缸运动稳定性,应该按出口节流方式安装单向节流阀。

3. 排气节流阀

如图 5-4-8 所示为排气节流阀的结构和图形符号。排气节流阀安装在气动装置的排

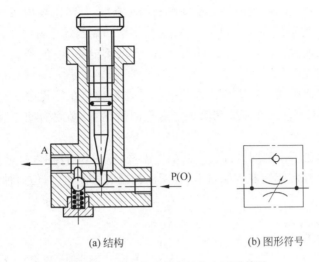

(a) 结构   (b) 图形符号

图 5-4-7   单向节流阀的结构和图形符号

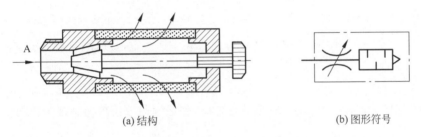

(a) 结构   (b) 图形符号

图 5-4-8   排气节流阀的结构和图形符号

气口上,控制排入大气的气体流量,以改变执行机构的运动速度。排气节流阀常带有消声器以降低排气噪声,并能防止不清洁的气体通过排气孔污染气路中的元件。

排气节流阀宜用于在换向阀与气缸之间不能安装速度控制阀的场合。应注意的是,排气节流阀对换向阀会产生一定的背压,对有些结构形式的换向阀而言,此背压对换向阀的动作灵敏性可能有些影响。

4. 柔性节流阀

如图 5-4-9 所示为柔性节流阀的结构,依靠阀杆夹紧柔韧的橡胶管而产生节流作用,也可以用气体压力来代替阀杆压缩橡胶管。柔性节流阀结构简单,压力降小,动作可靠,对污染不敏感,通常最大工作压力范围为 0.03~0.3MPa。

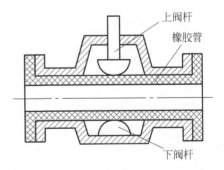

图 5-4-9   柔性节流阀的结构

5. 使用流量控制阀的注意事项

用流量控制阀控制气缸的运动速度时,应注意以下几点。

(1)防止管道中的漏损。有漏损则不能期望有正确的速度控制,低速时更应注意防止漏损。

（2）要特别注意气缸内表面加工精度和表面粗糙度，尽量减少内表面的摩擦力，这是速度控制不可缺少的条件。在低速场合，往往使用聚四氟乙烯等材料作密封圈。

（3）要使气缸内表面保持一定的润滑状态。润滑状态一改变，滑动阻力也就改变，速度控制就不可能稳定。

（4）加在气缸活塞杆上的载荷必须稳定。若这种载荷在行程中途有变化，则速度控制相当困难，甚至不可能。在不能消除载荷变化的情况下，必须借助于液压阻尼力，有时也使用平衡锤或连杆等。

（5）必须注意速度控制阀的位置。原则上流量控制阀应设在气缸管接口附近。使用控制台时常将速度控制阀装在控制台上，远距离控制气缸的速度，但这种方法很难实现理想的速度控制。

三、方向控制阀

方向控制阀是改变气体流动方向或通断的控制阀。方向控制阀按气流在阀内的作用方向，可分为单向型控制阀和换向型控制阀。

1. 单向型控制阀

只允许气流沿一个方向流动的控制阀称为单向型控制阀，如单向阀和快速排气阀。

（1）单向阀

单向阀是指气流只能向一个方向流动，而不能反方向流动的阀。如图 5-4-10(a)所示为结构图，如图 5-4-10(b)所示为图形符号，其工作原理与液压单向阀基本相同。

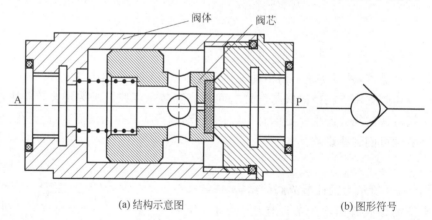

(a) 结构示意图   (b) 图形符号

图 5-4-10　单向阀的结构和图形符号

正向流动时，P 腔气压推动活塞的力大于作用在活塞上的弹簧力和活塞与阀体之间的摩擦阻力，则活塞被推开，P、A 接通。为了使活塞保持开启状态，P 腔与 A 腔应保持一定的压差，以克服弹簧力。反向流动时，受气压力和弹簧力的作用，活塞关闭，A、P 不通。弹簧的作用是增加阀的密封性，防止低压泄漏，另外，在气流反向流动时帮助阀迅速关闭。

单向阀特性包括最低开启压力、压降和流量特性等。因单向阀是在压缩空气作用下开启的，因此在阀开启时，必须满足最低开启压力，否则不能开启。即使阀处在全开状态也会产生压降，因此在精密的压力调节系统中使用单向阀时，需预先了解阀的开启压力和压降值。一般最低开启压力在$(0.1\sim0.4)\times10^5\mathrm{Pa}$，压降在$(0.06\sim0.1)\times10^5\mathrm{Pa}$。

在气动系统中，为防止储气罐中的压缩空气倒流回空气压缩机，在空压机和储气罐之间应装有单向阀。单向阀还可与其他的阀组合成单向节流阀、单向顺序阀等。

(2) 快速排气阀

快速排气阀是用于给气动元件或装置快速排气的阀，简称快排阀。

通常气缸排气时，气体从气缸经过管路，由换向阀的排气口排出。如果气缸到换向阀的距离较长，而换向阀的排气口又小时，排气时间就较长，气缸运动速度较慢；若采用快速排气阀，则气缸内的气体就能直接由快排阀排向大气，加快气缸的运动速度。

如图 5-4-11 所示为快速排气阀的结构图，其中图 5-4-11(a)为结构示意图。如图 5-4-11(b)所示为状态一，此时 P 进气，膜片被压下封住排气孔 O，气流经膜片四周小孔从 A 腔输出。如图 5-4-11(c)所示为状态二，此时 P 腔排空，A 腔压力将膜片顶起，隔断 P、A 通路，A 腔气体经排气孔口 O 迅速排向大气。如图 5-4-11(d)所示为图形符号。

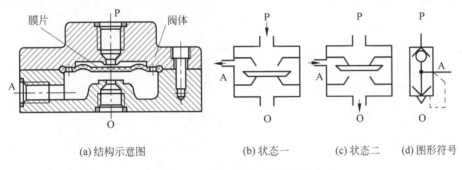

(a) 结构示意图   (b) 状态一   (c) 状态二   (d) 图形符号

图 5-4-11   快速排气阀结构图

如图 5-4-12 所示为快速排气阀的应用。如图 5-4-12(a)所示为加速回路，把快排阀装在换向阀和气缸之间，使气缸排气时不用通过换向阀而直接排空，可大大提高气缸运动速度。图 5-4-12(b)为速度控制回路，按下手动阀，由于节流阀的作用，气缸缓慢进气；手动阀复位，气缸中的气体通过快排阀迅速排空，因而缩短了气缸回程时间，提高了生产效率。

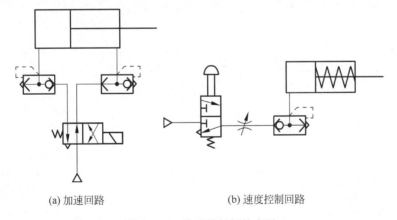

(a) 加速回路   (b) 速度控制回路

图 5-4-12   快速排气阀的应用

2. 换向型控制阀

换向型控制阀是指可以改变气流流动方向的控制阀。按控制方式可分为气压控制、电磁控制、人力控制和机械控制。按阀芯结构可分为截止式、滑阀式和膜片式等。

（1）气压控制换向阀

气压控制换向阀利用气体压力使主阀芯运动而使气流改变方向。在易燃、易爆、潮湿、粉尘大、强磁场、高温等恶劣工作环境下，用气压力控制阀芯动作比用电磁力控制要更安全可靠。

如图 5-4-13 所示为单气控换向阀的工作原理，它是截止式二位三通换向阀。如图 5-4-13(a) 所示为无控制信号 K 时的状态，阀芯在弹簧与 P 腔气压作用下，P、A 断开，A、O 接通，阀处于排气状态。如图 5-4-13(b) 所示为有加压控制信号 K 时的状态，阀芯在控制信号 K 的作用下向下运动，A、O 断开，P、A 接通，阀处于工作状态。如图 5-4-13(c) 所示为图形符号。

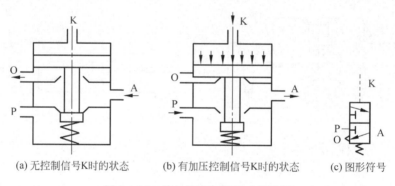

| (a) 无控制信号K时的状态 | (b) 有加压控制信号K时的状态 | (c) 图形符号 |

图 5-4-13　单气控换向阀的工作原理

如图 5-4-14 所示为双气控换向阀的工作原理，它是滑阀式二位五通换向阀。如图 5-4-14(a) 所示为状态一，此时是控制信号 K_1 存在，信号 K_2 不存在的状态，阀芯停在右端，P、B 接通，A、O_1 接通。如图 5-4-14(b) 为状态二，此时是信号 K_2 存在，信号 K_1 不存在的状态，阀芯停在左端，P、A 接通，B、O_2 接通。如图 5-4-14(c) 所示为图形符号。

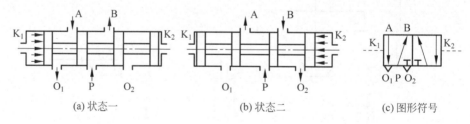

| (a) 状态一 | (b) 状态二 | (c) 图形符号 |

图 5-4-14　双气控换向阀的工作原理

（2）电磁控制换向阀

电磁控制换向阀是由电磁铁通电对街铁产生吸力，利用这个电磁力实现阀的切换以改变气流方向的阀。利用这种阀易于实现电、气联合控制，能实现远距离操作，因此得到了广泛的应用。

电磁控制换向阀可分成直动式电磁换向阀和先导式电磁换向阀。

① 直动式电磁换向阀

由电磁铁的衔铁直接推动阀芯换向的气动换向阀称为直动式电磁换向阀。直动式电磁换向阀有单电控和双电控两种。如图 5-4-15 所示为单电控直动式电磁换向阀的动作原理图，它是二位三通电磁阀。如图 5-4-15(a)为电磁铁断电时的状态，阀芯靠弹簧力复位，使 P、A 断开，A、O 接通，阀处于排气状态。如图 5-4-15(b)为电磁铁通电时的状态，电磁铁推动阀芯向下移动，使 P、A 接通，阀处于进气状态。如图 5-4-15(c)为图形符号。

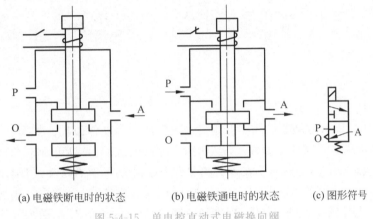

(a) 电磁铁断电时的状态　　(b) 电磁铁通电时的状态　　(c) 图形符号

图 5-4-15　单电控直动式电磁换向阀

如图 5-4-16 所示为双电控直动式电磁换向阀的动作原理图，它是二位五通电磁换向阀。如图 5-4-16(a)所示为电磁铁 1 通电电磁铁 2 断电，此时阀芯 3 被推到右位，A 口有输出，B 口排气；电磁铁 1 断电，阀芯位置不变，即具有记忆能力。如图 5-4-16(b)所示为电磁铁 2 通电电磁铁 1 断电，此时阀芯被推到左位，B 口有输出，A 口排气；若电磁铁 2 断电，空气通路不变。如图 5-4-16(c)所示为图形符号。这种阀的两个电磁铁只能交替得电工作，不能同时得电，否则会产生错误动作。

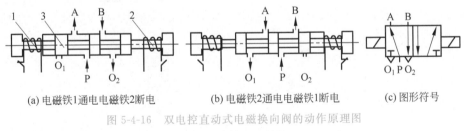

(a) 电磁铁1通电电磁铁2断电　　(b) 电磁铁2通电电磁铁1断电　　(c) 图形符号

图 5-4-16　双电控直动式电磁换向阀的动作原理图

1、2—电磁铁；3—阀芯

② 先导式电磁换向阀

先导式电磁换向阀由电磁先导阀和主阀两部分组成，电磁先导阀输出先导压力，此先导压力再推动主阀阀芯使阀换向。当阀的通径较大时，若采用直动式，则所需电磁铁要大，耗电高，为克服这些弱点，宜采用先导式电磁阀。

先导式电磁换向阀按控制方式可分为单电控和双电控两种。按先导压力来源可分内部先导式和外部先导式，如图 5-4-17 所示为先导式电磁换向阀图形符号。

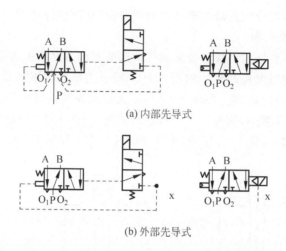

(a) 内部先导式

(b) 外部先导式

图 5-4-17 先导式电磁换向阀图形符号

如图 5-4-18 所示为单电控外部先导式电磁换向阀的动作原理。如图 5-4-18(a)所示为动作一，当电磁先导阀的励磁线圈断电时，先导阀的 x、A_1 口断开，A_1、O_1 口接通，先导阀处于排气状态，此时，主阀阀芯在弹簧和 P 口气压作用下向右移动，将 P、A 断开，A、O 接通，即主阀处于排气状态。如图 5-4-18(b)所示为动作二，当电磁先导阀通电后，使 x、A_1 接通，电磁先导阀处于进气状态，即主阀控制腔 A_1 进气。由于 A_1 腔内气体作用于阀芯上的力大于 P 口气体作用在阀芯上的力与弹簧力之和，因此将活塞推向左边，使 P、A 接通，即主阀处于进气状态。如图 5-4-18(c)为动作三，是单电控外部先导式电磁阀的详细图形符号，如图 5-4-18(d)所示为图形符号。

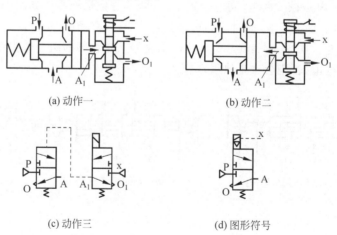

(a) 动作一

(b) 动作二

(c) 动作三

(d) 图形符号

图 5-4-18 单电控外部先导式电磁换向阀的动作原理

如图 5-4-19 所示为双电控内部先导式电磁换向阀的动作原理图。如图 5-4-19(a)所示为动作一，当电磁先导阀 1 通电而电磁先导阀 2 断电时，由于主阀 3 的 K_1 腔进气，K_2 腔排气，使主阀阀芯移到右边。此时，P、A 接通，A 口有输出；B、O_2 接通，B 口排气。如图 5-4-19(b)所示为动作二，当电磁先导阀 2 通电而先导阀 1 断电时，主阀 K_2 腔进气，K_1

腔排气,主阀阀芯移到左边。此时,P、B接通,B口有输出;A、O_1接通,A口排气。双电控换向阀具有记忆性,即通电时换向,断电时并不返回,可用单脉冲信号控制。为保证主阀正常工作,两个电磁先导阀不能同时通电,电路中要考虑互锁保护。如图5-4-19(c)所示为图形符号。

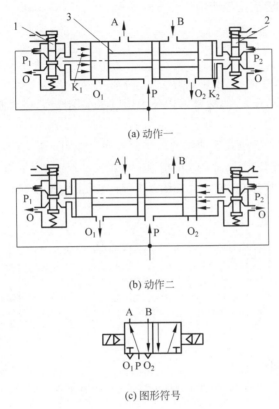

(a) 动作一

(b) 动作二

(c) 图形符号

图5-4-19 双电控内部先导式电磁阀
1、2—先导阀;3—主阀

直动式电磁阀与先导式电磁阀相比较,前者是依靠电磁铁直接推动阀芯,实现阀通路的切换,其通径一般较小或采用间隙密封的结构形式。通径小的直动式电磁阀也常称作微型电磁阀,常用于小流量控制或作为先导式电磁阀的先导阀。而后者是由电磁阀输出的气压推动主阀阀芯,实现主阀通路的切换。通径大的电磁气阀都采用先导式结构。

(3) 人力控制换向阀

人力控制阀与其他控制方式相比,使用频率较低、动作速度较慢。因操作力不大,故阀的通径小、操作灵活,可按人的意志随时改变控制对象的状态,可实现远距离控制。人力控制阀在手动、半自动和自动控制系统中得到了广泛的应用。在手动气动系统中,一般直接操纵气动执行机构。在半自动和自动系统中多作为信号阀使用。

人力控制阀的主体部分与气控阀类似,按其操纵方式可分为手动阀和脚踏阀两类。

① 手动阀

手动阀的操纵头部结构有多种,如图5-4-20所示为手动阀的操作头部结构,有按钮

(a) 按钮式　　　(b) 蘑菇头式　　　(c) 旋钮式　　　(d) 拨动式　　　(e) 锁定式

图 5-4-20　手动阀的头部结构

式、蘑菇头式、旋钮式、拨动式、锁定式等。

手动阀的操作力不宜太大,故常采用长手柄以减小操作力,或者阀芯采用气压平衡结构,以减小气压作用面积。

如图 5-4-21 所示为推拉式手动阀的工作原理图。如图 5-4-21(a) 所示为动作一,此时用手拉起阀芯,则 P 与 B 相通,A 与 O_1 相通。如图 5-4-21(b) 所示为动作二,此时将阀芯压下,则 P 与 A 相通,B 与 O_2 相通。如图 5-4-21(c) 所示为图形符号。

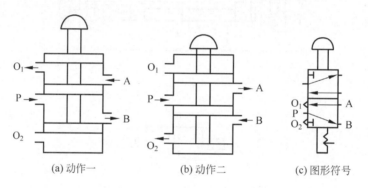

(a) 动作一　　　　　(b) 动作二　　　　　(c) 图形符号

图 5-4-21　推拉式手动阀的工作原理

旋钮式、锁式、推拉式手动阀等的操作具有定位功能,即操作力除去后能保持阀的工作状态不变。图形符号上的缺口数表示有几个定位位置。手动阀除弹簧复位外,也有采用气压复位的,优点是具有记忆性,即不加气压信号,阀能保持原位而不复位。

② 脚踏阀

在半自动气控冲床上,由于操作者两只手需要装卸工件,为提高生产效率,用脚踏阀控制供气更为方便,特别是操作者坐着干活的冲床。脚踏阀有单板脚踏阀和双板脚踏阀两种。单板脚踏阀是脚一踏下便进行切换,脚一离开便恢复到原位,即只有两位式。双板脚踏阀有两位式和三位式之分。两位式的动作是踏下踏板后,脚离开,阀不复位,直到踏下另一踏板后,阀才复位。三位式有三个动作位置,脚没有踏下时,两边踏板处于水平位置,为中间状态;踏下任一边的踏板,阀被切换,待脚一离开又立即回复到中位状态。如图 5-4-22 所示为脚踏阀的结构示意图及头部控制图形符号。

(4) 机械控制换向阀

机械控制换向阀是利用执行机构或其他机构的运动部件,借助凸轮、滚轮、杠杆或撞块等机械外力推动阀芯,实现换向的阀。

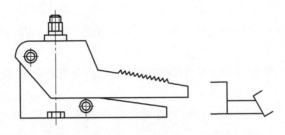

图 5-4-22　脚踏阀的结构示意图及头部控制图形符号

如图 5-4-23 所示为机械控制换向阀按阀芯的头部结构形式,常见的有直动圆头式、杠杆滚轮式、可通过滚轮杠杆式、旋转杠杆式、可调杠杆式、弹簧触须式等。

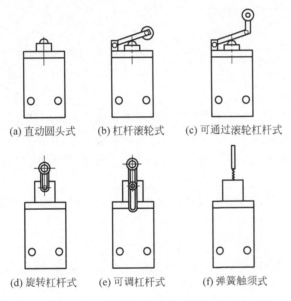

(a) 直动圆头式　　(b) 杠杆滚轮式　　(c) 可通过滚轮杠杆式

(d) 旋转杠杆式　　(e) 可调杠杆式　　(f) 弹簧触须式

图 5-4-23　机械控制换向阀按阀芯的头部结构形式

直动圆头式是由机械力直接推动阀杆的头部使阀切换。滚轮式头部结构可以减小阀杆所受的侧向力,杠杆滚轮式可减小阀杆所受的机械力。可通过滚轮杠杆式结构的头部滚轮是可折回的,当机械撞块正向运动时,阀芯被压下,阀换向,撞块走过滚轮,阀芯靠弹簧力返回,撞块返回时,由于头部可折,滚轮折回,阀芯不动,阀不换向。弹簧触须式结构操作力小,常用于计数发出信号。

 ## 知识达标与检测

一、判断题

1. 气压传动是以压缩空气为工作介质,来传递动力和控制信号,控制和驱动各种机械和设备,以实现生产过程机械化、自动化的一门技术。　　　　　　　　　　（　　）

2. 辅助元件是将气体的压力能转换成机械能的一种能量转换装置。　　　　（　　）

3. 与液压相比,气动反应快,动作迅速,维护简单,管路不易堵塞。　　　( )

4. 压缩空气具有一定的压力和足够的流量,压缩空气有一定的清洁度和干燥度。

( )

5. 空气压缩机的额定压力应等于或略高于气动系统所需的工作压力,一般气动系统的工作压力为 0.8～1.8MPa。　　　( )

6. 行程程序器是依据执行元件的动作先后顺序安排工作程序,并利用每个动作完成以后发回的反馈信号控制程序器向下一步程序的转换,发出下一步程序相应的控制信号。

( )

7. 气动执行元件是将压缩空气的压力能转换为机械能的装置。　　　( )

8. 普通气缸工作时,由于气体的压缩性,当外部载荷变化较大时,会产生"爬行"或"自走"现象,使气缸的工作不稳定。　　　( )

二、填空题

1. 气压传动系统和液压传动系统类似,也是由四部分组成的,它们分别是_____、_____、_____、_____。

2. 气源装置一般由_____、_____、_____、_____四部分组成。

3. _____是气源装置的核心,用以将原动机输出的机械能转化为气体的压力能。

4. 气动辅助元件分为_____、_____两大类。

5. 气动执行元件是将压缩空气的压力能转换为机械能的装置。它包括_____、_____。

6. 在各类气缸中使用最多的是活塞式单活塞杆型气缸,称为普通气缸。普通气缸可分为_____、_____两种。

三、简答题

1. 简述气压传动的优缺点。

2. 空气压缩机的选用原则有哪些?

3. 在气动控制系统中,转换器的种类有哪些? 其作用有什么不同?

4. 使用流量控制阀的注意事项有哪些?

5. 简述单向作用气缸的工作特点。

项目

气压系统基本回路

 知识目标

- 能够掌握气压传动基本回路的组成结构。
- 能够理解气压传动回路的工作原理及性能特点。
- 能够熟悉气压传动基本回路的使用条件、场合及功能特点。

 技能目标

- 能够绘制简单方向控制回路、压力控制回路及速度控制回路。
- 能够掌握气液联动控制回路在实际生产与生活中的运用。
- 能够分析比较几种基本回路的不同,培养分析问题、解决问题的能力。

 职业素养

- 培养严谨细致、一丝不苟、实事求是的科学态度和探索精神。
- 增强安全操作意识,形成严谨认真的工作态度。

任务 1　认识方向控制回路

一、单作用气缸换向回路

如图 6-1-1 所示的为单作用气缸换向回路,如图 6-1-1(a)所示为二位运动控制,它是用二位三通电磁阀控制的单作用气缸上、下回路,在回路中,当电磁铁得电时,气缸向上伸出,失电时,气缸在弹簧作用下返回。如图 6-1-1(b)所示为三位运动控制,它是用三位四通电磁阀控制的单作用气缸上、下和停止的回路,该阀在两电磁铁均失电时能自动对中,使气缸停于任何位置,但定位精度不高,且定位时间不长。

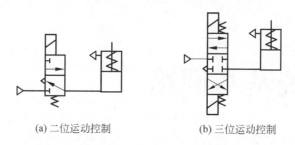

(a) 二位运动控制　　　　　　(b) 三位运动控制

图 6-1-1　单作用气缸换向回路

二、双作用气缸换向回路

如图 6-1-2 为各种双作用气缸的换向回路,图 6-1-2(a)所示为简单换向回路,图 6-1-2(b)所示为中停位置换向回路,但中停定位精度不高,图 6-1-2(c)、(d)所示分别为双稳的逻辑功能换向回路,其中两端控制电磁铁线圈或按钮不能同时操作,否则将出现误动作,其回路相当于双稳的逻辑功能,图 6-1-2(e)所示为自缩回的换向回路,当 A 有压缩空气时气缸推出,反之,气缸退回。

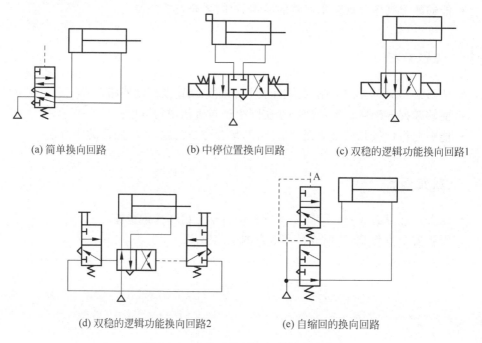

(a) 简单换向回路　　　(b) 中停位置换向回路　　　(c) 双稳的逻辑功能换向回路1

(d) 双稳的逻辑功能换向回路2　　　(e) 自缩回的换向回路

图 6-1-2　各种双作用气缸的换向回路

任务 2　认识压力控制回路

压力控制回路的作用是使系统保持在某一规定的压力范围内。常用的有一次压力控制回路、二次压力控制回路和高低压转换回路。

一、一次压力控制回路

一次压力控制回路用于使储气罐送出的气体压力不超过规定压力。为此,通常在储气罐上安装一只安全阀,用来实现一旦罐内超过规定压力就向大气放气。也常在储气罐上安装电接点压力表,一旦罐内超过规定压力时,即控制空气压缩机断电,不再供气。

二、二次压力控制回路

为保证气动系统使用的气体压力为一稳定值,多用如图 6-2-1 所示的二次压力控制回路,空气过滤器、减压阀、油雾器,即气动三联件组成二次压力控制回路,但要注意的是,供给逻辑元件的压缩空气不要加入润滑油。

三、高低压转换回路

高低压转换回路利用两只减压阀和一只换向阀间或输出低压或高压气源,如图 6-2-2 所示为高低压转换回路,若去掉换向阀,就可同时输出高低压两种压缩空气。

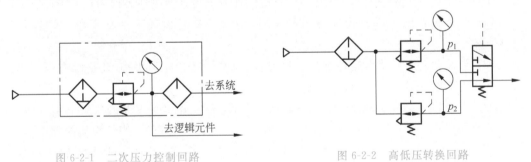

图 6-2-1　二次压力控制回路　　　　　　图 6-2-2　高低压转换回路

任务 3　认识速度控制回路

一、单作用气缸速度控制回路

如图 6-3-1 所示为单作用气缸速度控制回路,如图 6-3-1(a)所示为状态一,其中,升、降均通过节流阀调速,两个相反安装的单向节流阀可分别控制活塞杆的伸出及缩回速度。如图 6-3-1(b)所示为状态二,在此回路中,气缸上升时可调速,下降时则通过快排气阀排

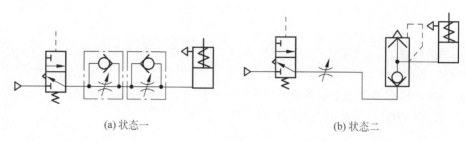

(a) 状态一　　　　　　　　　　　　(b) 状态二

图 6-3-1　单作用气缸速度控制回路

气,使气缸快速返回。

二、双作用气缸速度控制回路

1. 单向调速回路

双作用缸有节流供气和节流排气两种调速方式。如图 6-3-2 所示为双作用气缸速度控制回路。

如图 6-3-2(a)所示为节流供气调速回路,在图示位置,当气控换向阀不换向时,进入气缸 A 腔的气流流经节流阀,B 腔排出的气体直接经换向阀快排。当节流阀开度较小时,由于进入 A 腔的流量较小,压力上升缓慢,当气压达到能克服负载时,活塞前进,此时 A 腔容积增大,结果使压缩空气膨胀,压力下降,使作用在活塞上的力小于负载,因而活塞就停止前进。待压力再次上升时,活塞才再次前进。这种由于负载及供气的原因使活塞忽走忽停的现象,称为气缸的"爬行"。节流供气的不足之处主要表现为:

（1）当负载方向与活塞运动方向相反时,活塞运动易出现不平稳现象,即"爬行"现象。

（2）当负载方向与活塞运动方向一致时,由于排气经换向阀快排,几乎没有阻尼,负载易产生"跑空"现象,使气缸失去控制。

所以节流供气多用于垂直安装的气缸的供气回路中,在水平安装的气缸的供气回路中一般采用如图 6-3-2(b)所示的节流排气的回路,由图示位置可知,当气控换向阀不换向时,从气源来的压缩空气,经气控换向阀直接进入气缸的 A 腔,而 B 腔排出的气体必须经节流阀到气控换向阀而排入大气,因而 B 腔中的气体就具有一定的压力。此时活塞在 A 腔与 B 腔的压力差作用下前进,而减小了"爬行"发生的可能性,调节节流阀的开度,就可控制不同的排气速度,从而也就控制了活塞的运动速度,排气节流调速回路具有以下特点。

① 气缸速度随负载变化较小,运动较平稳。

② 能承受与活塞运动方向相同的负载(反向负载)。

以上的讨论适用于负载变化不大的情况。当负载突然增大时,由于气体的可压缩性,就将迫使气缸内的气体压缩,使活塞运动速度减慢;反之,当负载突然减小时,气缸内被压缩的空气必然膨胀,使活塞运动加快,称为气缸的"自走"现象。因此在要求气缸具有准确而平稳的速度时(尤其在负载变化较大的场合),就要采用气液相结合的调速方式。

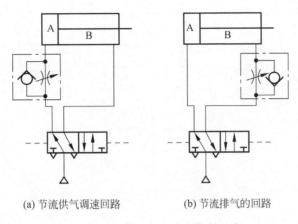

(a) 节流供气调速回路　　(b) 节流排气的回路

图 6-3-2 双作用气缸速度控制回路

2. 双向调速回路

在气缸的进、排气口装设节流阀，就组成了双向调速回路，如图 6-3-3 所示为双向节流调速回路，如图 6-3-3(a) 所示为单向节流阀式的双向节流调速回路，如图 6-3-3(b) 所示为排气节流阀的双向节流调速回路。

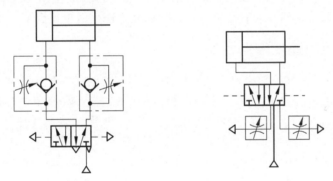

(a) 单向节流阀式的双向节流调速回路　　(b) 排气节流阀的双向节流调速回路

图 6-3-3 双向节流调速回路

三、快速往复运动回路

若将图 6-2-5(a) 中两只单向节流阀换成快速排气阀就构成了快速往复回路，若欲实现气缸单向快速运动，可只采用一只快速排气阀。

四、速度换接回路

如图 6-3-4 所示为速度换接回路，此回路是利用两个二位二通阀与单向节流阀并联，当撞块压下行程开关时，发出电信号，使二位二通阀换向，改变排气通路，从而使气缸速度改变。行程开关的位置，可根据需要选定。图 6-3-4 中的二位二通阀也可改用行程阀。

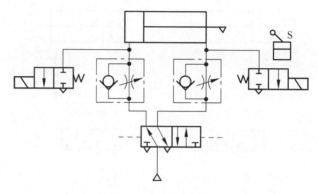

图 6-3-4   速度换接回路

任务 4   认识气液联动控制回路

气液联动是以气压为动力,利用气液转换器把气压传动变为液压传动,或采用气液阻尼缸来获得更为平稳和更为有效控制运动速度的气压传动,或使用气液增压器来使传动力增大等。气液联动回路其装置简单,经济可靠,在生产生活中得到了广泛应用。

一、气液转换速度控制回路

如图 6-4-1 所示为气液转换速度控制回路,它利用气液转换器 1、2 将气压变成液压,利用液压油驱动液压缸 3,从而得到平稳易控制的活塞运动速度,调节节流阀的开度,就可改变活塞的运动速度。这种回路充分发挥了气动供气方便和液压速度容易控制的优势。

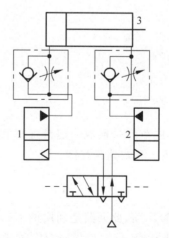

图 6-4-1   气液转换速度控制回路
1、2—气液转换器;3—液压缸

二、气液阻尼缸的速度控制回路

如图 6-4-2 所示为气液阻尼缸的速度控制回路,如图 6-4-2(a)所示为慢进快退回路,改变单向节流阀的开度,即可控制活塞的前进速度;活塞返回时,气液阻尼缸中液压缸的无杆腔的油液通过单向阀快速流入有杆腔,故返回速度较快,高位油箱起补充泄漏油液的作用。如图 6-4-2(b)所示为快进快退回路,此回路能实现机床工作循环中常用的快进—工进—快退的动作。当有 K_2 信号时,五通阀换向,活塞向左运动,液压缸无杆腔中的油液通过 a 口进入有杆腔,气缸快速向左前进;当活塞将 a 口关闭时,液压缸无杆腔中的油液被迫从 b 口经节流阀进入有杆腔,活塞工作进给;当 K_2 消失,有 K_1 输入信号时,五通阀换向,活塞向右快速返回。

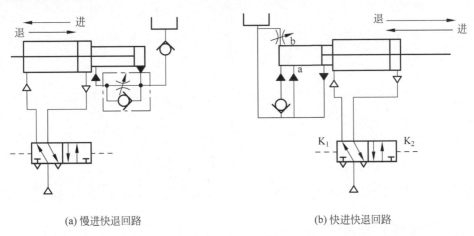

(a) 慢进快退回路　　　　　　　　　　　　　(b) 快进快退回路

图 6-4-2　气液阻尼缸的速度控制回路

三、气液增压缸增力回路

如图 6-4-3 所示为气液增压缸增力回路,利用气液增压缸 1 把较低的气压变为较高的液压力,以提高气液缸 2 的输出力的回路。

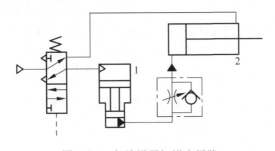

图 6-4-3　气液增压缸增力回路

四、气液缸同步动作回路

如图 6-4-4 所示为气液缸同步回路,该回路的特点是将油液密封在回路之中,油路和气路串接,同时驱动1、2两个缸,使两者运动速度相同,但这种回路要求缸1无杆腔的有效面积必须和缸2的有杆腔面积相等。在设计和制造中,要保证活塞与缸体之间的密封,回路中的截止阀3与放气口相接,用以排出混入油液中的空气。

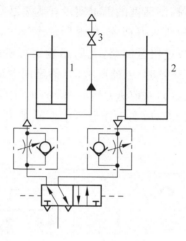

图 6-4-4　气液缸同步回路

任务5　认识其他控制回路

一、安全保护回路

气动机构负荷过载、气压突然降低以及气动执行机构的快速动作等都可能危及操作人员或设备的安全,因此在气动回路中,常常要加入安全回路。下面介绍几种常用的安全保护回路。

1. 过载保护回路

如图 6-5-1 所示为过载保护回路。按下手动换向阀1,在活塞杆伸出的过程中,若遇到障碍6,无杆腔压力升高,打开顺序阀3,使阀2换向,阀4随即复位,活塞立即退回,实现过载保护。若无障碍6,气缸向前运动时压下阀5,活塞即刻返回。

2. 互锁回路

如图 6-5-2 所示为互锁回路。在该回路中,四通阀的换向受三个串联的机动三通阀控制,只有三个阀都接通,主阀才能换向。

3. 双手同时操作回路

双手同时操作回路就是使用两个启动阀的手动阀,只有同时按动两个阀才动作的回路。如图 6-5-3 所示为双手操作回路。

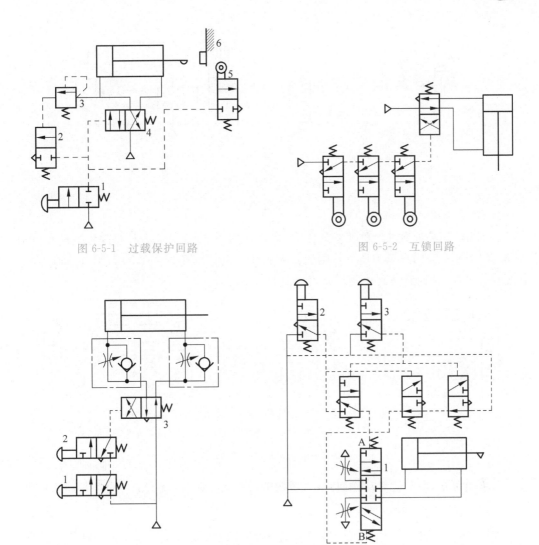

图 6-5-1 过载保护回路   图 6-5-2 互锁回路

图 6-5-3 双手操作回路

二、延时回路

如图 6-5-4 所示为延时回路。如图 6-5-4(a)所示为延时输出回路,当控制信号切换阀 4 后,压缩空气经单向节流阀 3 向储气罐 2 充气。当充气压力经过延时升高致使阀 1 换位时,阀 1 就有输出。如图 6-5-4(b)所示为延时接通回路,按下阀 8,则气缸向外伸出,当气缸在伸出行程中压下阀 5 后,压缩空气经节流阀到储气罐 6,延时后才将阀 7 切换,气缸退回。

三、顺序动作回路

顺序动作是指在气动回路中,各个气缸按一定顺序完成各自的动作。

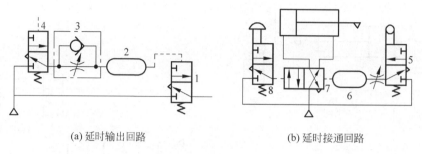

(a) 延时输出回路   (b) 延时接通回路

图 6-5-4 延时回路

1. 单缸往复动作回路

如图 6-5-5 所示为三种单往复动作回路。如图 6-5-5(a)所示为行程阀控制的单往复回路；如图 6-5-5(b)所示为压力控制的往复动作回路；如图 6-5-5(c)所示为时间控制单往复动作回路,此回路是利用延时回路形成的。

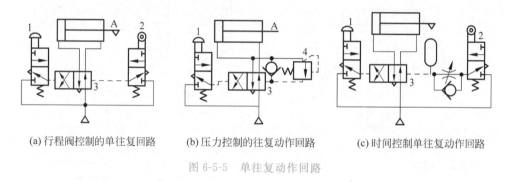

(a) 行程阀控制的单往复回路   (b) 压力控制的往复动作回路   (c) 时间控制单往复动作回路

图 6-5-5 单往复动作回路

由以上可知,在单往复动作回路中,每按下一次按钮,气缸就完成一次往复动作。

2. 连续往复动作回路

如图 6-5-6 所示为连续往复动作回路,它能够完成连续的动作循环。手动阀 1 换向,高压气体经阀 3 使阀 2 换向,气缸活塞杆外伸,阀 3 复位。活塞杆挡块压下行程阀 4 时,阀 2 换至左位,活塞杆缩回,阀 4 复位。当活塞杆缩回压下行程阀 3 时,阀 2 再次换向,如此循环往复。

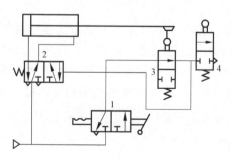

图 6-5-6 连续往复动作回路

知识达标与检测

一、判断题

1. 压力控制回路的作用是使系统保持在某一规定的压力范围内。　　　　（　　）

2. 通常在储气罐上安装一只安全阀,用来实现一旦罐内超过规定压力就向大气放气。　　　　（　　）

3. 由于负载及供气的原因使活塞忽走忽停的现象,称为气缸的"爬行"。　（　　）

4. 当负载方向与活塞运动方向相反时,活塞运动易出现不平稳现象,即"跑空"现象。
　　　　（　　）

5. 在气液阻尼缸的速度控制慢进快退回路中,改变单向节流阀的开度,即可控制活塞的后退速度。　　　　（　　）

6. 在过载保护回路中,四通阀的换向受三个串联的机动三通阀控制,只有三个阀都接通,主阀才能换向。　　　　（　　）

二、填空题

1. 常用的压力控制回路有_____、_____、_____三种。

2. 双作用缸有_____、_____两种调速方式。

3. 将双向节流调速回路中的两只单向节流阀换成_____就构成了快速往复回路。

4. 气动机构负荷过载、气压突然降低以及气动执行机构的快速动作等都可能危及操作人员或设备的安全,因此在气动回路中,常常要加入_____。

5. _____回路就是使用两个启动阀的手动阀,只有同时按动两个阀才动作的回路。

三、简答题

1. 简述一次压力控制回路的特点。

2. 二次压力控制回路供给逻辑元件的压缩空气需要注意哪些问题?

3. 节流供气调速回路中,节流供气的不足之处主要表现在哪些方面?

4. 双作用缸有哪两种调速方式?

5. 简述气液转换速度控制回路的工作原理。

6. 常见安全保护回路有哪些? 各有何特点?

四、作图题

1. 请绘制单作用气缸换向回路。

2. 请绘制压力控制回路。

项目 7

气压系统安装调试及故障排除

知识目标

- 能够了解气压系统安装、调试的基本要求。
- 能够掌握气压系统的维护与保养。
- 能够熟悉气压系统常见故障的种类。

技能目标

- 能够进行简单气压系统管道、元件的安装。
- 能够进行气压系统经常维护及定期维护。
- 能够根据气压系统故障现象诊断故障原因并进行故障排除。

职业素养

- 培养严谨细致、一丝不苟、实事求是的科学态度和探索精神。
- 增强安全操作意识,形成严谨认真的工作态度。

任务 1　气压系统安装与调试

一、气压系统的安装

1. 管道的安装

(1) 安装前要彻底清理管道内的粉尘及杂物。

（2）管子支架要牢固，工作时不得产生振动。

（3）接管时要充分注意密封性，防止漏气，尤其注意接头处及焊接处。

（4）管路尽量平行布置，减少交叉，力求最短，转弯最少，并考虑到能自由拆装。

（5）安装软管要有一定的弯曲半径，不允许有拧扭现象，且应远离热源或安装隔离板。

2. 元件的安装

（1）应注意阀的推荐安装位置和标明的安装方向。

（2）逻辑元件应按照控制回路的需要，将其成组地装在底板上，并在底板上开出气路，用软管接出。

（3）移动缸的中心线与负载作用力中心线要同心，否则引起侧向力，使密封件加速磨损，活塞杆弯曲。

（4）各种自动控制仪表、自动控制器、压力继电器等，在安装前应进行校验。

二、气压系统的调试

1. 调试前的准备

（1）要熟悉说明书等有关技术资料，力求全面了解系统的原理、结构、性能和操作方法。

（2）了解元件在设备上的实际位置。

（3）准备好调试工具等。

2. 空载运行

空载时运行一般不少于2h，应注意观察压力、流量、温度的变化。如发现异常应立即停车检查，待排除故障后才能继续运转。

3. 负载试运行

负载试运行时应分段加载，运转一般不少于4h，分别测出有关数据，记入试运行记录。

任务2　气压系统的维护保养与维修

一、气压系统的维护保养

气动设备如果不注意维护保养，就会频繁发生故障或过早损坏，使其使用寿命大大降低，因此必须进行及时的维护与保养工作。在对气动装置进行维护保养时，应针对发现的事故苗头及时采取措施，这样可减少和防止故障的发生，延长元件和系统的使用寿命。

气压系统维护保养工作的中心任务是：

（1）保证供给气动系统清洁干燥的压缩空气。

（2）保证气动系统的气密性。

（3）保证使油雾润滑元件得到必要的润滑。

（4）保证气动元件和系统在规定的工作条件（如使用压力、电压等）下工作和运转，以确保气动执行机构按预定的要求进行工作。

维护工作可以分为经常性维护工作和定期性维护工作。维护工作应有记录,以利于以后的故障诊断和处理。

1. 经常性维护工作

日常维护工作是指每天必须进行的维护工作,主要包括冷凝水排放、检查润滑油和空压机系统的管理等。

（1）冷凝水排放

冷凝水排放涉及整个气动系统,从空压机、后冷却器、气罐、管道系统直到各处的空气过滤器、干燥器和自动排水器等。在作业结束时,应当将各处的冷凝水排放掉,以防夜间温度低于 0℃时导致冷凝水结冰。由于夜间管道内温度下降,会进一步析出冷凝水,故气动装置在每天运转前,也应将冷凝水排出。并要注意观看自动排水器是否工作正常,水杯内不应存水过量。

（2）检查润滑油

在气动装置运转时,应检查油雾器的滴油量是否符合要求,油色是否正常,即油中不要混入灰尘和水分。

（3）空压机系统的管理

空压机系统的日常管理工作包括检查空压机系统是否向后冷却器供给了冷却水（指水冷式）,检查空压机是否有异常声音和异常发热现象,检查润滑油位是否正常。

2. 定期性维护工作

定期维护工作是在每周、每月或每季度进行的维护工作。

（1）每周维护工作

每周维护工作的主要内容是漏气检查和油雾器管理,目的是及早地发现事故的苗头。

① 漏气检查:漏气检查应在白天车间休息的空闲时间或下班后进行。这时气动装置已停止工作,车间内噪声小,但管道内还有一定的空气压力,可根据漏气的声音便可知何处存在泄漏。严重泄漏处必须立即处理,如软管破裂,连接处严重松动等;其他泄漏应做好记录。泄漏的部位和原因见表 7-2-1。

表 7-2-1　泄漏的部位和原因

泄 漏 部 位	泄 漏 原 因
管子、管头连接处	管子、管头连接处的连接部位松动
软管	软管破裂或被拉脱
空气过滤器	空气过滤器里灰尘嵌入,水杯龟裂
油雾器	油雾器的密封垫不良,针阀阀座损伤,针阀未紧固,油杯龟裂
减压阀	减压阀的紧固螺钉松动,灰尘嵌入溢流阀座使阀杆动作不良,膜片破裂
换向阀	换向阀密封不良,螺钉松动,弹簧折断或损伤,灰尘嵌入
安全阀	安全阀的压力调整不符合要求,弹簧折断,灰尘嵌入,密封圈损坏
排气阀	排气阀里灰尘嵌入,密封圈损坏
气缸	气缸的密封圈磨损,活塞杆损伤,螺钉松动

② 油雾器管理：油雾器最好选用一周补油一次规格的产品。补油时，要注意油量减少的情况。若耗油量太少，应重新调整滴油量；调整后滴油量仍较少，应检查油雾器进出口是否装反，油道是否堵塞，所选油雾器的规格是否合适。

(2) 每月或每季度的维护工作

每月或每季度的维护工作应比每日和每周的维护工作更仔细，但仍限于外部能够检查的范围。维护工作的主要内容详见表 7-2-2。

表 7-2-2 每月或每季度的维护工作内容

元　件	维 护 内 容
减压阀	当系统的压力为零时，观察压力表的指针能否回零；旋转手柄，压力可否调整
换向阀	使换向阀压力高于设定压力，观察安全阀能否溢流
安全阀	检查排气口油雾喷出量，有无冷凝水排出，有无漏气
电磁阀	检查电磁线圈的温升，阀的切换动作是否正常
速度控制阀	调节节流阀开度，能否对气缸进行速度控制或对其他元件进行流量控制
自动排水器	检查自动排水器能否自动排水，手动操作装置能否正常动作
过滤器	检查过滤器两侧压差是否超过允许压降
压力开关	在最高和最低的设定压力下，观察压力开关能否正常接通和断开
压力表	观察各处压力表指示值是否在规定范围内
空压机	检查入口过滤器网眼有否堵塞
气缸	检查气缸运动是否平稳，速度和循环周期有无明显变化，气缸安装架是否有松动和异常变形，活塞杆连接有无松动，活塞杆部位有无漏气，活塞杆表面有无锈蚀、划伤和磨损

二、气压系统的维修

气动系统中各类元件的使用寿命差别较大，像换向阀、气缸等有相对滑动部件的元件，其使用寿命较短。而许多辅助元件，由于可动部件少，使用寿命较长些。各种过滤器的使用寿命主要取决于滤芯寿命，这与气源处理后空气的质量关系很大。像急停开关这种不经常动作的阀，要保证其动作可靠性，就必须定期进行维护。因此，气动系统的维修周期，只能根据系统的使用频度，气动装置的重要性和日常维护、定期维护的状况来确定。一般是每年大修一次。

维修之前，应根据产品样本和使用说明书预先了解该元件的作用、工作原理和内部零件的运动状况。必要时，应参考维修手册。在拆卸之前应根据故障的类型来判断和估计哪一部分问题较多。

维修时，对日常工作中经常出问题的地方要彻底解决。对重要部位的元件、经常出问题的元件和接近其使用寿命的元件，宜按原样换成一个新元件。新元件通气口的保护塞在使用时才可取下来。许多元件内仅仅是少量零件损伤，如密封圈、弹簧等，为了节省经费，这些零件只要更换一下即可。

拆卸前，应清扫元件和装置上的灰尘，保持环境清洁。同时要注意必须切断电源和气源，确认压缩空气已全部排出后方能拆卸。仅关闭截止阀，系统中不一定已无压缩空气，因有时压缩空气被堵截在某个部位,所以必须认真分析并检查各个部位,并设法将余压排尽。如观察压力表是否回零,调节电磁先导阀的手动调节杆排气等。

拆卸时,要慢慢松动每个螺钉,以防元件或管道内有残压。一面拆卸,一面逐个检查零件是否正常而且应该以组件为单位进行。滑动部分的零件要认真检查,要注意各处密封圈和密封垫的磨损、损伤和变形情况。要注意节流孔、喷嘴和滤芯的堵塞情况。要检查塑料和玻璃制品是否有裂纹或损伤。拆卸下来的零件要按组件顺序排列,并注意零件的安装方向,以便于今后装配。

更换的零件必须保证质量,锈蚀、损伤、老化的元件不得再用。必须根据使用环境和工作条件来选定密封件,以保证元件的气密性和工作的稳定性。

拆下来准备再用的零件,应放在清洗液中清洗。不得用汽油等有机溶剂清洗橡胶件、塑料件,可以使用优质煤油清洗。

零件清洗后,不得用棉丝、化纤品擦干,最好用干燥的清洁空气吹干,然后涂上润滑脂,以组件为单位进行装配。注意不要漏装密封件,不要将零件装反。螺钉拧紧力矩应均匀,力矩大小应合理。

安装密封件时应注意:有方向的密封圈不得装反,密封圈不得扭曲。为便于安装,可在密封圈上涂敷润滑脂。要保持密封件清洁,防止棉丝、纤维、切屑末、灰尘等附着在密封件上。安装时,应防止沟槽的棱角处、横孔处碰伤密封件(棱角应倒圆)。还要注意塑料类密封件几乎不能伸长,橡胶材料密封件也不要过度拉伸,以免产生永久变形。在安装带密封圈的部件时,注意不要碰伤密封圈。螺纹部分通过密封圈的,可在螺纹上卷薄膜或使用插入用工具。活塞插入缸筒等筒壁上开孔的元件时,孔端部应倒角。

配管时,应注意不要将灰尘、密封材料碎片等异物带入管内。

装配好的元件要进行通气试验。通气时应缓慢升压到规定压力,并保证升压过程中气压达到规定压力都不漏气。

检修后的元件一定要试验其动作情况。譬如对气缸,开始将其缓冲装置的节流部分调到最小。然后调节速度控制阀使气缸以非常慢的速度移动,逐渐打开节流阀,使气缸达到规定速度。这样便可检查气阀、气缸的装配质量是否合乎要求。若气缸在最低工作压力下动作不灵活,必须仔细检查安装情况。

任务 3　气压系统的常见故障诊断及排除

一、气压系统故障种类

由于故障发生的时期不同,故障的内容和原因也不同,因此,可将故障分为初期故障、突发故障和老化故障。

1. 初期故障

在调试阶段和开始运转后的两三个月内发生的故障称为初期故障,其产生的原因如下。

（1）元件加工、装配不良。如元件内孔的研磨不符合要求，零件毛刺未清除干净，安装不清洁，零件装错、装反，装配时对中不良，紧固螺钉拧紧力矩不恰当，零件材质不符合要求，外购零件（如密封圈、弹簧）质量差等。

（2）设计失误。设计元件时，对零件的材料选用不当，加工工艺要求不合理，对元件的特点、性能和功能了解不够，造成设计回路时元件选用不当。设计的空气处理系统不能满足气动元件和系统的要求，回路设计出现错误。

（3）安装不符合要求。安装时，元件及管道内吹洗不干净，使灰尘、密封材料碎片等杂质混入，造成气动系统故障，安装气缸时存在偏载。没有采取有效的管道防松、防振动措施。

（4）维护管理不善。如未及时排放冷凝水，未及时给油雾器补油等。

2. 突发故障

系统在稳定运行时期内突然发生的故障称为突发故障。例如，油杯和水杯都是用聚碳酸酯材料制成的，如它们在有机溶剂的雾气中工作，就有可能突然破裂；空气或管路中残留的杂质混入元件内部，突然使相对运动件卡死；弹簧突然折断、软管突然爆裂、电磁线圈突然烧毁；突然停电造成回路误动作等。

有些突发故障是有先兆的。如排出的空气中出现杂质和水分，表明过滤器已失效，应及时查明原因并予以排除，以免造成突发故障。但有些突发故障是无法预测的，只能采取安全保护措施加以防范，或准备一些易损件的备件，以备及时更换失效的元件。

3. 老化故障

个别或少数元件达到使用寿命后发生的故障称为老化故障。参照系统中各元件的生产日期、开始使用日期、使用的频繁程度以及已经出现的某些征兆，如声音反常、泄漏越来越严重、气缸运动不平稳等现象，大致预测老化故障的发生期限是有可能的。

二、常见故障分析及排除

在气动系统的维护过程中，常见故障都有其产生原因和相应排除方法。了解和掌握这些故障现象及其原因和排除方法，可以协助维护人员快速解决问题，常见的故障有以下几种。

1. 气压异常

气动系统的气压异常故障及排除方法见表7-3-1。

表 7-3-1　气动系统的气压异常故障及排除方法

故障现象	产生原因	排除方法
气路无气压	气动回路中的开关阀、启动阀、速度控制阀等未打开	将气动回路中的开关阀、启动阀、速度控制阀等打开
	换向阀未换向	查明原因后排除
	管路扭曲、压扁	纠正或更换管路
	滤芯堵塞或冻结	更换滤芯
	介质或环境温度太低，造成管路冻结	及时清除冷凝水，增设除水设备

续表

故障现象	产生原因	排除方法
供压不足	耗气量太大,空压机输出流量不足	选择流量合适的空压机或增设一定容积的气罐
	空压机活塞环等磨损	更换空压机里的磨损零件
	漏气严重	更换损坏的密封件或软管,紧固管接头及螺钉
	减压阀输出压力低	调节减压阀至使用压力
	速度控制阀开度太小	将速度控制阀打开到合适开度
	管路细长或管接头选用不当	重新设计管路,加粗管径,选用流通能力大的管接头及气阀
	各支路流量匹配不合理	改善各支路流量匹配性能,采用环形管道供气
异常高压	因外部振动冲击产生冲击压力	在适当部位安装安全阀或压力继电器
	减压阀损坏	更换减压阀

2. 气动控制阀的故障

气动控制阀的常见故障有减压阀故障、溢流阀故障、换向阀故障等,下面分别列表说明。减压阀的故障及排除方法见表 7-3-2。

表 7-3-2　减压阀的故障及排除方法

故障现象	产生原因	排除方法
阀体漏气	阀体的密封件损坏	更换密封件
	阀体的弹簧松弛	调紧减压阀的弹簧
压力调不高	调压弹簧断裂	更换减压阀的弹簧
	膜片撕裂	更换减压阀的膜片
	阀口径太小	更换阀
	阀下部积存冷凝水	排除阀下部的积水
	阀内混入异物	把阀清洗干净
压力调不低,出口压力升高	复位弹簧损坏	更换减压阀的弹簧
	阀杆变形	更换减压阀的阀杆
	阀座处有异物、伤痕,阀芯上密封垫剥离	清洗阀和过滤器,或者调换密封圈
输出压力波动大或变化不均匀	减压阀通径或进出口配管通径选小了,当输出流量变动大时,输出压力波动大	根据最大输出流量选用阀或配管通径
	进气阀芯或阀座间导向不良	更换阀芯或修复阀芯、阀座
	弹簧的弹力减弱,弹簧错位	更换减压阀的弹簧
	耗气量变化使阀频繁启闭引起阀的共振	尽量稳定耗气量
溢流孔处向外漏气	溢流阀座有伤痕	更换溢流阀座
	膜片破裂	更换减压阀的膜片
	出口侧压力意外升高	检查输出侧回路,调节其压力
溢流口不溢流	溢流阀座孔堵塞	清洗检查阀及过滤器
	溢流孔座橡胶垫太软	更换减压阀的橡胶垫

溢流阀的故障及排除方法见表 7-3-3。

表 7-3-3　溢流阀的故障及排除方法

故 障 现 象	产 生 原 因	排 除 方 法
压力超过调定值,但不溢流	阀内部孔堵塞,导向部分进入杂质	清洗溢流阀
压力阀虽没有超过调定值,但溢流口处却已有气体溢出	阀内进入杂质	清洗溢流阀
	膜片破裂	更换溢流阀的膜片
	阀座损坏	调换溢流阀的阀座
	调压弹簧损坏	更换溢流阀的弹簧
溢流时发生振动	压力上升慢,溢流阀放出流量多	出口处安装针阀,微调溢流量,使其与压力上升量匹配
	从气源到溢流阀之间被节流,阀前部压力上升慢	增大气源到溢流阀的管道通径
阀体和阀盖处漏气	膜片破裂	更换溢流阀的膜片
	密封件损坏	更换溢流阀的密封件
压力调不高	弹簧损坏	更换溢流阀的弹簧
	膜片破裂	更换溢流阀的膜片

换向阀的故障及排除方法见表 7-3-4。

表 7-3-4　换向阀的故障及排除方法

故 障 现 象	产 生 原 因	排 除 方 法
不能换向	阀的滑动阻力大,润滑不良	对阀进行润滑
	密封圈变形,摩擦力增大	更换换向阀的密封圈
	杂质卡住滑动部分	清除换向阀的杂质
	弹簧损坏	调换换向阀的弹簧
	膜片破裂	更换换向阀的膜片
	阀操纵力太小	检查阀的操纵部分
	阀芯锈蚀	调换换向阀或阀芯
	阀芯另一端有背压(放气小孔被堵)	清洗阀
	配合太紧	重新装配换向阀
电磁铁有蜂鸣声	铁心吸合面上有脏物或生锈	清除脏物或锈屑
	活动铁心的铆钉脱落、铁心叠层分开不能吸合	更换换向阀的活动铁心
	杂质进入铁心的滑动部分,使铁心不能紧密接触	清除进入电磁铁内的杂质
	短路环损坏	更换固定铁心
	弹簧太硬或卡死	调整或更换换向阀的弹簧
	电压低于额定电压	调整电压到规定值
	外部导线拉得太紧	使用有富余长度的引线

续表

故障现象	产生原因	排除方法
线圈烧毁	环境温度高	按规定温度范围使用
	换向过于频繁	将换向阀改用高频阀
	吸引时电流过大,温度升高,绝缘破坏短路	用气控阀代替电磁阀
	杂质夹在阀和铁心之间,活动铁心不能吸合	清除换向阀的杂质
	线圈电压不合适	使用正常电源电压,使用符合电压的线圈
阀漏气	密封件磨损、尺寸不合适、扭曲或歪斜	更换换向阀的密封件,并且注意正确安装
	弹簧失效	更换换向阀的弹簧

3. 气动执行元件的故障

气动执行元件的故障主要是气缸故障,气缸的故障及排除方法见表 7-3-5 。

表 7-3-5　气缸的故障及排除方法

故障现象		产生原因	排除方法
气缸漏气	活塞杆处	导向套、活塞杆密封圈磨损	更换导向套和密封圈
		活塞杆有伤痕、腐蚀	更换活塞杆、清除冷凝水
		活塞杆和导向套的配合处有杂质	去除活塞杆和导向套配合处的杂质,安装防尘圈
	缸体与端盖处	密封圈损坏	更换气缸的密封圈
		固定螺钉松动	紧固气缸的螺钉
	缓冲阀处	密封圈损坏	更换气缸的密封圈
	活塞两侧串气	活塞密封圈损坏	更换气缸的密封圈
		活塞被卡住	重新安装气缸,消除活塞的偏载
		活塞配合面有缺陷	更换气缸的零件
		杂质挤入密封面	除去密封面杂质
气缸不动作		外负载太大	提高压力、加大缸径
		有横向载荷	使用导轨消除横向载荷
		安装不同轴	保证导向装置的滑动面与气缸轴线平行
		活塞杆或缸筒锈蚀、损伤而卡住	更换并检查排污装置及润滑状况
		润滑不良	检查给油量、油雾器规格和安装规范
		混入冷凝水、油泥、灰尘使运动阻力增大	检查气源处理系统是否符合要求
		混入灰尘等杂质,造成气缸卡住	注意气缸防尘
气缸动作不平稳		外负载变动大	提高使用压力或增大缸径
		气压不足	更换气缸的零件或调解阀门
		空气中含有杂质	检查气源处理系统是否符合要求
		润滑不良	检查油雾器是否正常工作

续表

故 障 现 象	产 生 原 因	排 除 方 法
气缸爬行	低于最低使用压力	提高气缸的使用压力
	气缸内泄漏大	排除气缸的泄漏
	回路中耗气量变化大	增设气罐中的耗气量
	负载太大	增大气缸的缸径
气缸走走停停	限位开关失控	更换限位开关
	继电器接点已到使用寿命	更换继电器
	接线不良	检查并拧紧接线螺钉
	电插头接触不良	插紧或更换电插头
	电磁阀换向动作不良	更换电磁阀
	气液缸的油中混入空气	除去气液缸油中的空气
气缸动作速度太快	没有速度控制阀	增设速度控制阀
	速度控制阀尺寸不合适	选择调节范围合适的阀
	回路设计不合理	使用气液阻尼缸或气液转换器来控制低速运动
气缸动作速度太慢	气压不足	提高气缸的压力
	负载过大	提高使用压力或增大缸径
	速度控制阀开度太小	调整速度控制阀的开度
	供气量不足	查明气源与气缸之间节流太大的元件，更换大通径的元件或使用快排阀让气缸迅速排气
	气缸摩擦力增大	改善润滑条件
	缸筒或活塞密封圈损伤	更换密封圈
气缸行程终端存在冲击现象	无缓冲措施	增设合适的缓冲装置
	缓冲密封圈密封性差	更换密封圈
	缓冲节流阀松动、损伤	调整或更换
	缓冲能力不足	重新设计缓冲机构
气液联用缸内产生气泡	因漏油造成油量不足	解决漏油，补足油量
	油路中节流最大处出现气蚀	防止节流过大
	油中未加消泡剂	加消泡剂

4. 气动辅件的故障

气动辅件的故障主要有空气过滤器故障、油雾器故障、排气口和消声器故障以及密封圈损坏等，空气过滤器的故障及排除方法见表 7-3-6，油雾器的故障及排除方法见表 7-3-7，排气口和消声器的故障及排除方法见表 7-3-8，密封圈的故障及排除方法见表 7-3-9。

表 7-3-6　空气过滤器的故障及排除方法

故 障 现 象	产 生 原 因	排 除 方 法
漏气	排水阀自动排水失灵	修理或更换
	密封不良	更换密封件

故 障 现 象	产 生 原 因	排 除 方 法
压力降太大	滤芯过滤精度太高	更换过滤精度合适的滤芯
	滤芯网眼堵塞	用净化液清洗滤芯
	过滤器的公称流量小	更换公称流量大的过滤器
从输出端流出冷凝水	未及时排除冷凝水	定期排水或安装自动排水器
	自动排水器发生故障	修理或更换
	超出过滤器的流量范围	在适当流量范围内使用或更换大规格的过滤器
输出端出现异物	过滤器滤芯破损	更换滤芯
	滤芯密封不严	更换滤芯密封垫
	错用有机溶剂清洗滤芯	改用清洁的热水或煤油清洗
塑料水杯破损	在有机溶剂的环境中使用	使用不受有机溶剂侵蚀的材料
	空压机输出某种焦油	更换空压机润滑油或用金属杯
	对塑料有害的物质被空压机吸入	用金属杯

表 7-3-7　油雾器的故障及排除方法

故 障 现 象	产 生 原 因	排 除 方 法
不滴油或滴油量太小	油雾器装反	改变安装方向
	通往油杯的空气通道堵塞,油杯未加压	检查修理,加大空气通道
	油道堵塞,节流阀未开启或开度不够	修理,调节节流阀开度
	通过流量小,压差不足以形成油滴	更换合适规格的油雾器
	油黏度太大	换油
	气流短时间间歇流动,来不及滴油	使用强制给油方式
油滴数无法减少	节流阀开度太大,节流阀失效	调至合理开度,更换节流阀
油杯破损	在有机溶剂的环境中使用	选用金属杯
	空压机输出某种焦油	更换空压机润滑油或用金属杯
漏气	油杯破裂	更换油杯
	密封不良	检修密封
	观察玻璃破损	更换观察玻璃

表 7-3-8　排气口和消声器的故障及排除方法

故 障 现 象	产 生 原 因	排 除 方 法
有冷凝水排出	忘记排放各处的冷凝水	每天排放各处冷凝水,确保自动排水器能正常工作
	后冷却器冷却能力不足	加大冷却水量,重新选型
	空压机进气口潮湿或淋入雨水	调整空压机位置,避免雨水淋入
	缺少除水设备	增设后冷却器、干燥器、过滤器等必要的除水设备
	除水设备太靠近空压机,无法保证大量水分呈液态,不便排出	除水设备应远离空压机
	压缩机油黏度低,冷凝水多	选用合适的压缩机油
	环境温度低于干燥器的露点	提高环境温度或重新选择干燥器
	瞬时耗气量太大,节流处温度下降太大	提高除水装置的除水能力

续表

故 障 现 象	产 生 原 因	排 除 方 法
有灰尘排出	从空压机入口和排气口混入灰尘等	空压机吸气口装过滤器,排气口装消声器或洁净器,灰尘多时加保护罩
	系统内部产生锈屑、金属末和密封材料粉末	元件及配管应使用不生锈耐腐蚀的材料,保证良好润滑条件
	安装维修时混入灰尘	安装维修时应防止铁屑、灰尘等杂质混入,安装完应用压缩空气充分吹洗干净
有油雾喷出	油雾器离气缸太远,油雾达不到气缸,阀换向时油雾便排出	油雾器尽量靠近需润滑的元件,提高其安装位置,选用微雾型油雾器
	一个油雾器供应多个气缸,很难均匀输入各气缸,多出的油雾便排出	改成一个油雾器只供应一个气缸
	油雾器的规格、品种选用不当,油雾送不到气缸	选用与气量相适应的油雾器规格

表 7-3-9   密封圈的故障及排除方法

故 障 现 象	产 生 原 因	排 除 方 法
挤出	压力过高	避免高压
	间隙过大	重新设计
	沟槽不合适	重新设计
	放入的状态不良	重新装配
老化	温度过高,低温硬化,自然老化	更换密封圈
扭转	有横向载荷	消除横向载荷
表面损伤	摩擦损耗	检查空气质量、密封圈质量、表面加工精度
	润滑不良	改善润滑条件
膨胀	与润滑油不相容	换润滑油或更换密封圈材质
损坏粘着变形	压力过高	检查使用条件、安装尺寸、密封圈材质
	润滑不良	
	安装不良	

 知识达标与检测

一、判断题

1. 逻辑元件应按照控制回路的需要,将其成组地装在底板上,并在底板上开出气路,用软管接出。   （   ）

2. 气压系统空载时运行一般可多于 2h,应注意观察压力、流量、温度的变化。如发现异常应立即停车检查,待排除故障后才能继续运转。   （   ）

3. 维护工作可以分为经常性维护工作和定期性维护工作。维护工作可以不做记录。
                                                      （   ）

4. 漏气检查应在晚上车间休息的空闲时间或下班后进行。   （   ）

5. 油雾器最好选用一周补油一次规格的产品。补油时,要注意油量减少的情况。若

耗油量太少,应重新调整滴油量。 （　　）

6. 每月或每季度的维护工作应比每日和每周的维护工作更仔细。 （　　）

二、填空题

1. 在元件安装时,应注意阀的_____和标明的_____。

2. 气压系统的维护工作可以分为_____和_____。

3. 定期维护工作是可以在_____、_____或_____进行的维护工作。

4. 气压系统故障种类可分为_____、_____、_____三种。

5. 个别或少数元件达到使用寿命后发生的故障称为_____。

三、简答题

1. 简述气动系统管道安装的过程。

2. 气动系统维护保养工作的中心任务有哪些?

3. 气动系统应如何开展定期维护工作及日常维护工作?

4. 气动系统安装密封件时,需要注意哪些方面?

5. 气动控制阀的常见故障有哪些?

6. 气动辅件的故障有哪些?

项目

气压传动系统的典型实例

知识目标

- 能够了解工件夹紧气压传动系统的基本原理。
- 能够掌握气动机械手气压传动系统的特点。
- 能够熟悉拉门自动开闭系统的应用场合。

技能目标

- 能够进行气液动力滑台系统工作过程的分析。
- 能够掌握数控加工中心气动系统的工作过程。
- 能够进行典型气动系统过程分析,培养分析问题、解决问题的能力。

职业素养

- 培养严谨细致、一丝不苟、实事求是的科学态度和探索精神。
- 增强安全操作意识,形成严谨认真的工作态度。

任务 1　认识工件夹紧气压传动系统

工件夹紧气压传动系统是机械加工自动线和组合机床中常用夹紧装置的驱动系统。如图 8-1-1 所示为机床夹具的气动夹紧系统,其动作循环是:当工件运动到指定位置后,气缸 A 活塞杆伸出,将工件定位后,两侧的气缸 B 和 C 的活塞杆同时伸出,从两侧面对工

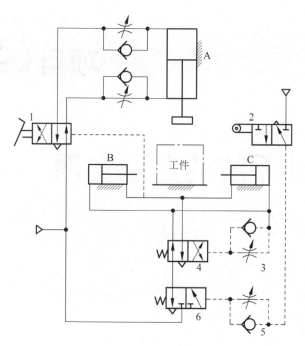

图 8-1-1　机床夹具的气动夹紧系统

1—脚踏阀；2—行程阀；3、5—单向节流阀；4、6—换向阀

件夹紧，然后进行切削加工，加工完后各夹紧缸退回，将工件松开。

　　具体工作过程如下：用脚踏下阀 1，压缩空气进入缸 A 的上腔，使活塞下降定位工件；当压下行程阀 2 时，压缩空气经单向节流阀 5 使二位三通气控换向阀 6 换向（调节节流阀开口可以控制阀 6 的延时接通时间），压缩空气通过阀 4 进入两侧气缸 B 和 C 的无杆腔，使活塞杆前进而夹紧工件。然后钻头开始钻孔，同时流过换向阀 4 的一部分压缩空气经过单向节流阀 3 进入换向阀 4 右端，经过一段时间（由节流阀控制）后换向阀 4 右位接通，两侧气缸后退到原来位置。同时，一部分压缩空气作为信号进入脚踏阀 1 的右端，使阀 1 右位接通，压缩空气进入缸 A 的下腔，使活塞杆退回原位。活塞杆上升的同时使机动行程阀 2 复位，气控换向阀 6 也复位（此时主阀 3 右位接通），由于气缸 B、C 的无杆腔通过阀 6、阀 4 排气，换向阀 6 自动复位到左位，完成一个工作循环。该回路只有再踏下脚踏阀 1 才能开始下一个工作循环。

任务 2　认识气液动力滑台系统

　　气液动力滑台采用气液阻尼缸作为执行元件。由于在它的上面可安装单轴头、动力箱或工件，因而在机床上常用来作为实现进给运动的部件。

　　如图 8-2-1 所示为气液动力滑台的回路原理图，图中阀 1、2、3 和阀 4、5、6 实际上分别被组合在一起，成为两个组合阀。

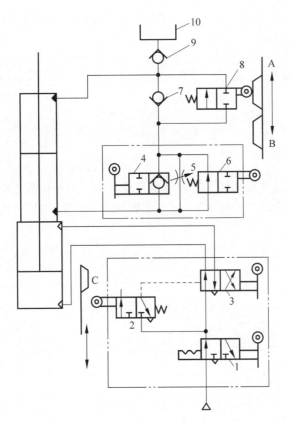

图 8-2-1　气液动力滑台的回路原理图

该种气液滑台能完成下面的两种工作循环。

1. 快进—慢进—快退—停止

当图 8-2-1 中阀 4 处于图示状态时,就可实现上述循环的进给程序。其工作原理为:当手动阀 3 切换至右位时,实际上就是给予进刀信号,在气压作用下,气缸中活塞开始向下运动,液压缸中活塞下腔油液经机控阀 6 的左位和单向阀 7 进入液压缸活塞的上腔,实现快进;当快进到活塞杆上的挡铁 B 切换机控阀 6(使它处于右位)后,油液只能经节流阀 5 进入活塞上腔,调节节流阀的开度,即可调节气液阻尼缸运动速度。所以,这时开始慢进(工作进给)。当慢进到挡铁 C 使机控阀 2 切换至左位时,输出气信号使阀 3 切换至左位,这时气缸活塞开始向上运动。液压缸活塞上腔的油液经阀 8 至图 8-2-1 所示位置而使油液通道被切断,活塞停止运动。所以改变挡铁 A 的位置,就能改变"停"的位置。

2. 快进—慢进—慢退—快退—停止

把手动阀 4 关闭(处于左位)时就可实现双向进给程序,其工作原理为:动作循环中的快进—慢进的动作原理与上述相同。当慢进至挡铁 C 切换机控阀 2 至左位时,输出气信号使阀 3 切换至左位,气缸活塞开始向上运动,这时液压缸上腔的油液经机控阀 8 的左位和节流阀 5 进入液压活塞缸下腔,亦即实现了慢退(反向进给);当慢退到挡铁 B 离开阀 6 的顶杆而使其复位(处于左位)后,液压缸活塞上腔的油液就经阀 8 的左位,再经阀 6

的左位进入液压活塞缸下腔,开始快退;快退到挡铁 A 切换阀 8 至图示位置时,油液通路被切断,活塞就停止运动。

图 8-2-1 所示中补油箱 10 和单向阀 9 仅仅是为了补偿系统中的漏油而设置的,因而一般可用油杯来代替。

任务 3   认识数控加工中心气动系统

如图 8-3-1 所示为某数控加工中心气动系统原理图,该系统主要实现加工中心的自动换刀功能,在换刀过程中实现主轴定位、主轴松刀、拔刀、向主轴锥孔吹气排屑和插刀动作。

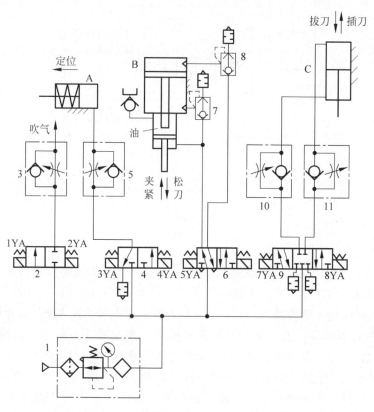

图 8-3-1   某数控加工中心气动系统原理图

具体工作原理如下:当数控系统发出换刀指令时,主轴停止旋转,同时 4YA 通电,压缩空气经气动三联件 1、换向阀 4、单向节流阀 5 进入主轴定位缸 A 的右腔,缸 A 的活塞左移,使主轴自动定位。定位后压下开关,使 6YA 通电,压缩空气经换向阀 6、快速排气阀 8 进入气液增压器 B 的上腔,增压腔的高压油使活塞伸出,实现主轴松刀,同时使 8YA 通电,压缩空气经换向阀 9、单向节流阀 11 进入缸 C 的上腔,缸 C 下腔排气,活塞下移实现拔刀。由回转刀库交换刀具,同时 1YA 通电,压缩空气经换向阀 2、单向节流阀 3 向主轴锥孔吹气。稍后 1YA 断电、2YA 通电,停止吹气,8YA 断电、7YA 通电,压缩空气经换向阀 9、单向节流阀 10 进入缸 C 的下腔,活塞上移,实现插刀动作。6YA 断电、5YA 通电,压缩空气经阀 6 进入气液增压器 B 的下腔,使活塞退回,主轴的机械机构使刀具夹紧。4YA 断电、3YA 通电,缸 A 的活塞在弹簧力的作用下复位,回复到开始状态,换刀结束。

任务4 认识气动机械手气压传动系统

气动机械手是机械手的一种,它具有结构简单,重量轻,动作迅速,平稳可靠,不污染工作环境等优点。在要求工作环境洁净、工作负载较小、自动生产的设备和生产线上应用广泛,它能按照预定的控制程序动作。如图 8-4-1 所示为可移动式气动机械手的结构示意图。它由 A、B、C、D 四个气缸组成,能完成手指夹持、手臂伸缩、立柱升降、回转四个动作。

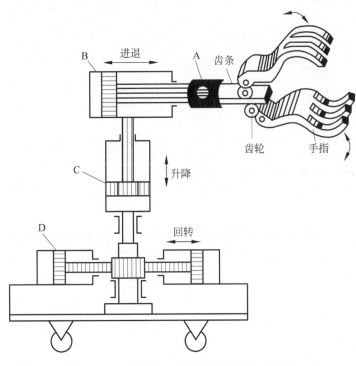

图 8-4-1 可移动式气动机械手的结构示意图

如图 8-4-2 所示为通用机械手的气动系统工作原理图(手指部分为真空吸头,即无 A 气缸部分),要求其工作循环为:立柱上升→伸臂→立柱顺时针转→真空吸头取工件→立柱逆时针转→缩臂→立柱下降。

三个气缸均由三位四通双电控换向阀 1、7 和单向节流阀 3、4、5、6 组成换向、调速回路。各气缸的行程位置均由电气行程开关进行控制。该机械手在工作循环中各电磁铁

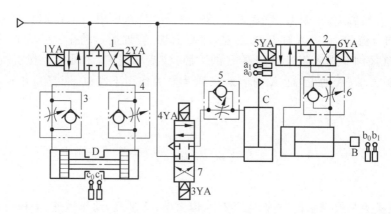

图 8-4-2　通用机械手的气动系统工作原理图

动作顺序见表 8-4-1。

表 8-4-1　电磁铁动作顺序

电磁阀	垂直缸上升	水平缸伸出	回转缸转位	回转缸复位	水平缸退回	垂直缸下降
1YA			+	−		
2YA				+	−	
3YA						+
4YA	+	−				
5YA		+	−			
6YA					+	−

下面结合表 8-4-1 来分析工作循环。

按下启动按钮,4YA 通电,阀 7 处于上位,压缩空气进入垂直气缸 C 下腔,活塞杆上升。

当缸 C 活塞上的挡块碰到电气行程开关 a_1 时,4YA 断电,5YA 通电,阀 2 处于左位,水平气缸 B 活塞杆伸出,带动真空吸头进入工作点并吸取工件。

当缸 B 活塞上的挡块碰到电气开关 b_1 时,5YA 断电,1YA 通电,阀 1 处于左位,回转缸 D 顺时针方向回转,使真空吸头进入下料点下料。

当回转缸 D 活塞杆上的挡块压下电气行程开关 c_1 时,1YA 断电,2YA 通电,阀 1 处于右位,回转缸 b 复位。

回转缸复位时,其上挡块碰到电气行程开关 c_0 时,6YA 通电,2YA 断电,阀 2 处于右位,水平缸 B 活塞杆退回。

水平缸退回时,挡块碰到 b_0,6YA 断电,3YA 通电,阀 7 处于下位,垂直缸活塞杆下降,到原位时,碰上电气行程开关 a_0,3YA 断电,至此完成一个工作循环,如再给启动信号,可进行同样的工作循环。

根据需要只要改变电气行程开关的位置,调节单向节流阀的开度,即可改变各气缸的运动速度和行程。

任务5 认识拉门自动开闭系统

该装置通过连杆机构将气缸活塞杆的直线运动转换成拉门的开闭运动,利用超低压气动阀来检测行人的踏板动作。在拉门内、外装踏板6和11,踏板下方装有完全封闭的橡胶管,管的一端与超低压气动阀7和12的控制口连接。当人站在踏板上时,橡胶管里压力上升,超低压气动阀动作。如图8-5-1所示为拉门自动开闭气压传动系统。

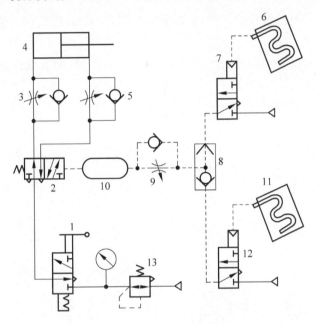

图8-5-1 拉门自动开闭气压传动系统

1—手动阀;2—气动换向阀;3、9—单向节流阀;4—气缸;5—单向阀;6、11—踏板;7、12—超低压气动阀;8—梭阀;10—气罐;13—减压阀

首先使手动阀1上位进入工作状态,空气通过气动换向阀2、单向节流阀3进入气缸4的无杆腔,将活塞杆推出(门关闭)。当人站在踏板6上后,气动控制阀7动作,空气通过梭阀8、单向节流阀9和气罐10使气动换向阀2换向,压缩空气进入气缸4的有杆腔,活塞杆退回(门打开)。

当行人经过门后踏上踏板11时,气动控制阀12动作,使梭阀8上面的通口关闭,下面的通口接通(此时由于人已离开踏板6,阀7复位)。气罐10中的空气经单向节流阀9、梭阀8和阀12放气(人离开踏板11后,阀12已复位),经过延时(由节流阀控制)后阀2复位,气缸4的无杆腔进气,活塞杆伸出(关闭拉门)。

该回路利用逻辑"或"的功能,回路比较简单,很少产生误动作。行人从门的哪一边进出均可。减压阀13可使关门的力自由调节,十分便利。如将手动阀复位,则可变为手动门。

知识达标与检测

一、判断题

1. 工件夹紧气压传动系统是机械加工自动线和组合机床中常用夹紧装置的驱动系统。　　　　　　　　　　　　　　　　　　　　　　　　　　　（　　）

2. 气液动力滑台采用气液阻尼缸作为执行元件,它的两种工作循环都可完成快进和快退。　　　　　　　　　　　　　　　　　　　　　　　　　　　　（　　）

3. 气动机械手是机械手的一种,它具有结构简单,重量轻,动作迅速,平稳可靠,不污染工作环境等特点。　　　　　　　　　　　　　　　　　　　　　　（　　）

4. 拉门自动开闭系统装置通过连杆机构将气缸活塞杆的直线运动转换成拉门的开闭运动。　　　　　　　　　　　　　　　　　　　　　　　　　　　（　　）

二、图形符号识别题

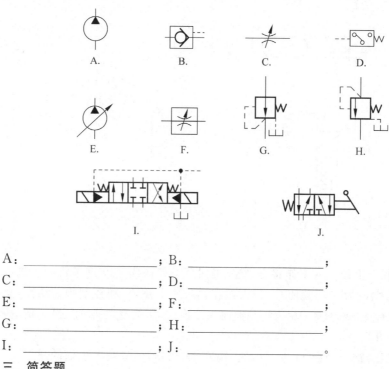

A: _____ ; B: _____ ;
C: _____ ; D: _____ ;
E: _____ ; F: _____ ;
G: _____ ; H: _____ ;
I: _____ ; J: _____ 。

三、简答题

1. 简述工件夹紧气压传动系统的工作原理。

2. 试分析气液动力滑台系统"快进—慢进—慢退—快退—停止"循环的工作过程。

3. 简述加工中心气动系统的工作原理。

4. 气动机械手具有哪些优点?

5. 根据图8-4-2通用机械手气动系统工作原理图,分析它的工作循环过程。

6. 试绘制拉门自动开闭气压传动系统的气动回路图。

四、分析题

1. 试分别说出题 1 图中两个图是什么气压传动回路。

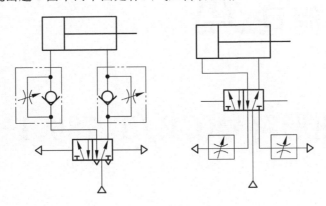

题 1 图

2. 分析题 2 图以下各回路中,溢流阀各起什么作用。

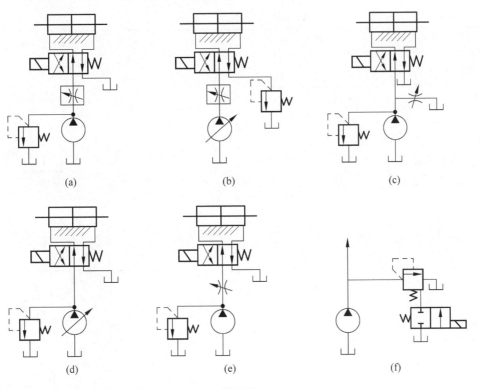

题 2 图

附录

液压图形符号(GB/T 786.1—2009)

附表 A-1 基本符号、管路及连接

名 称	符 号	名 称	符 号
工作管路	——————	管口在液面以上的油箱	
控制管路	- - - - - - - -	管口在液面以下的油箱	
连接管路		管端连接于油箱底部	
交叉管路		密闭式油箱	
柔性管路		单通路旋转接头	
组合元件线	- · - · - · -	三通路旋转接头	

附表 A-2 控制方法

名　　称	符　　号	名　　称	符　　号
按钮式人力控制		顶杆式机械控制	
手柄式人力控制		滚轮式机械控制	
踏板式人力控制		单向滚轮式机械控制	
弹簧控制		液压先导控制	
单作用电磁控制		液压二级先导控制	
双作用电磁控制		电液先导控制	
加压或卸压控制		气液先导控制	
差动控制		液压先导泄压控制	
外部压力控制		电液先导泄压控制	
内部压力控制		电反馈控制	

附表 A-3   液压泵、液压马达和液压缸

名　称	符　号	名　称	符　号
单向定量液压泵		单向定量液压马达	
双向定量液压泵		双向定量液压马达	
单向变量液压泵		单向变量液压马达	
双向变量液压泵		双向变量液压马达	
定量液压泵/马达		变量液压泵/马达	
摆动马达		液压整体式传动装置	
单作用单活塞杆缸		不可调单向缓冲缸	(简化符号)
双作用单活塞杆缸		不可调双向缓冲缸	(简化符号)
双作用双活塞杆缸		可调单向缓冲缸	(简化符号)
伸缩缸	(单作用式)　(双作用式)	可调双向缓冲缸	(简化符号)

附表 A-4 液压控制阀

名　称	符　号	名　称	符　号
单向阀		二位五通换向阀	
液控单向阀		三位三通换向阀	
液压锁		三位四通换向阀	
二位二通换向阀	(常开)　　(常闭)	三位五通换向阀	
二位三通换向阀		三位六通换向阀	
二位四通换向阀		四通电液伺服阀	
截止阀		卸荷阀	
直动式溢流阀	内部压力控制 外部压力控制	不可调节流阀	
先导式溢流阀		可调节流阀	
先导式电磁溢流阀		可调单向节流阀	
先导式比例电磁溢流阀		调速阀	

续表

名　称	符　号	名　称	符　号
直动式减压阀	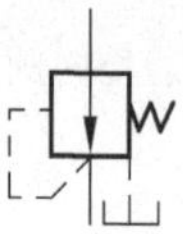	带温度补偿的调速阀	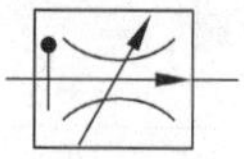
先导式减压阀	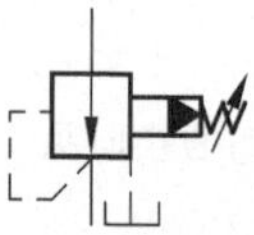	单向调速阀	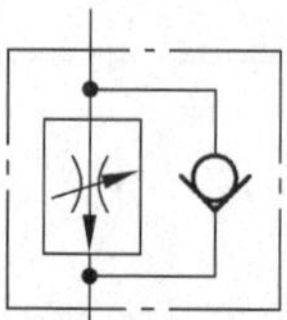
先导式比例电磁式溢流减压阀	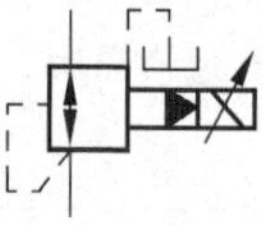	减速阀	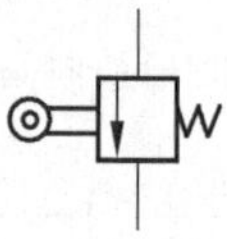
直动式顺序阀	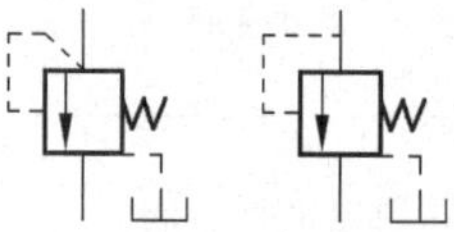	分流阀	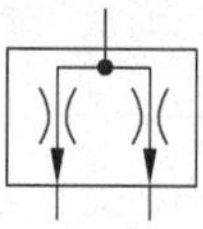
先导式顺序阀	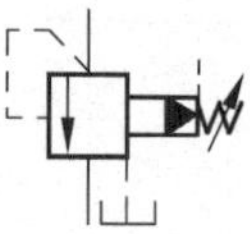	集流阀	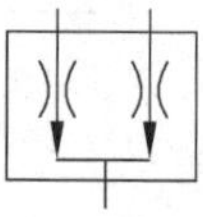
单向顺序阀	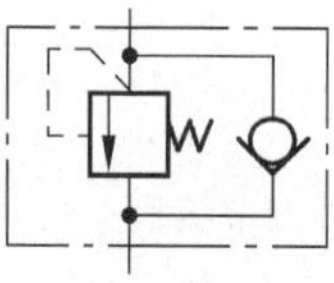	分流集流阀	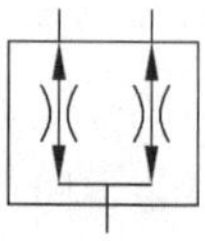

附表 A-5　液压辅助元件

名　称	符　号	名　称	符　号
液压源		过滤器	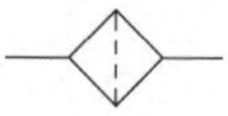
电动机	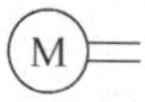 M	磁心过滤器	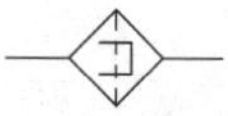
原动机	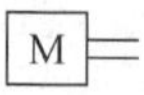 M	污染指示过滤器	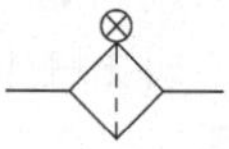

续表

名　称	符　号	名　称	符　号
压力计		冷却器	一般符号　带冷却剂管路
液面计		加热器	
流量计		温度调节器	
压力继电器		蓄能器	

附录

气动图形符号(GB/T 786.1—2009)

附表 B-1　管路及连接

名　称	符　号	名　称	符　号
直接排气口		带单向阀快换接头	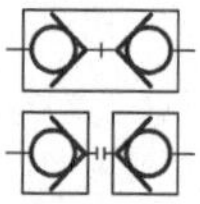
带连接排气口	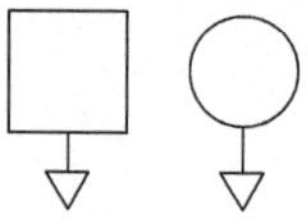	不带单向阀快换接头	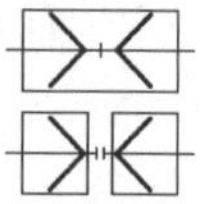

附表 B-2　控制方法

名　称	符　号	名　称	符　号
气压先导控制	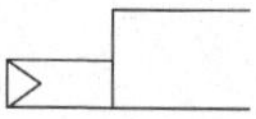	电气先导控制	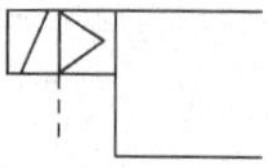

附表 B-3　气动执行元件

名　称	符　号	名　称	符　号
单向定量马达	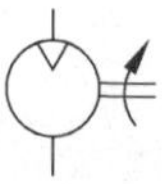	单作用活塞缸	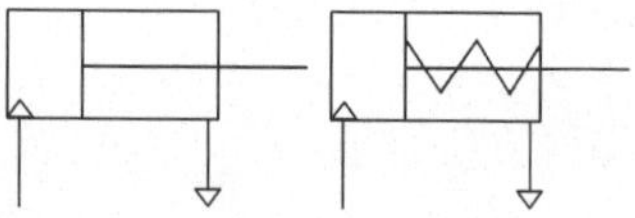
双向定量马达	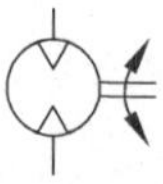	双作用活塞缸	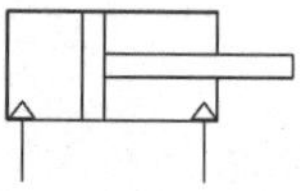

续表

名　　称	符　　号	名　　称	符　　号
单向变量马达	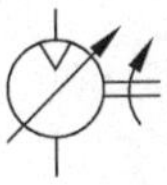	伸缩缸	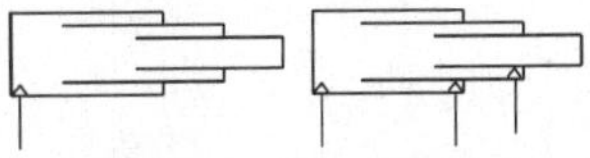 单作用式　　双作用式
双向变量马达		气液转换器	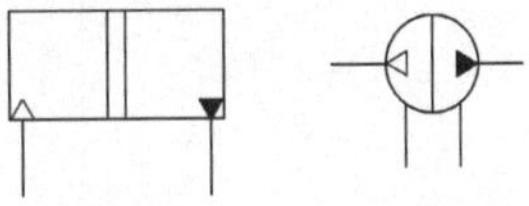 单程作用　　连续作用
摆动马达	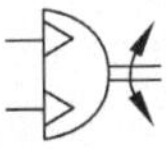	气液增压器	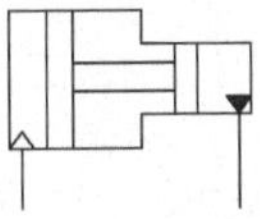

附表 B-4　气动控制元件

名　　称	符　　号	名　　称	符　　号
直动式溢流阀	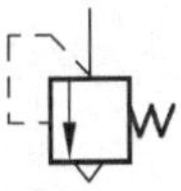	与门型梭阀	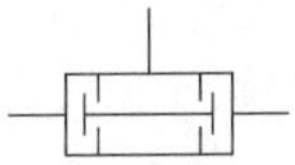
先导式溢流阀	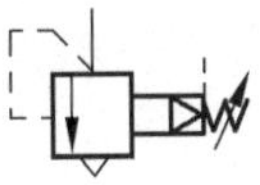	或门型梭阀	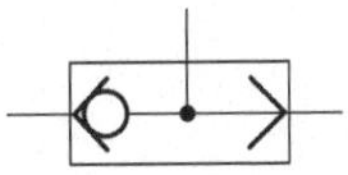
溢流减压阀	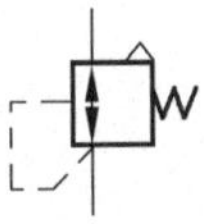	快速排气阀	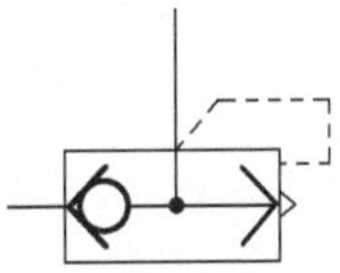
先导式减压阀	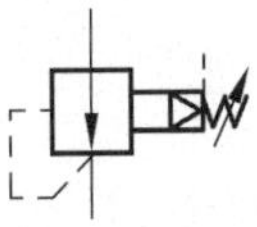	带消声器的节流阀	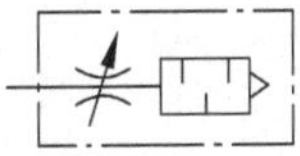

附表 B-5 气动辅助元件

名　称	符　号	名　称	符　号
气压源		分水排水器	人工排出　自动排出
气罐		空气过滤器	人工排出　自动排出
冷却器		空气干燥器	
消声器		油雾器	

参 考 文 献

[1] 韩京海.液压与气动应用技术[M].北京:电子工业出版社,2014.

[2] 朱开源.液压与气压传动技术[M].北京:中国劳动社会保障出版社,2014.

[3] 周明连.液压与气动技术[M].北京:北京交通大学出版社,2012.

[4] 武威.液压与气压技术项目教程[M].北京:北京大学出版社,2014.

[5] 高华燕.液压与气动控制[M].北京:电子工业出版社,2015.

[6] 张勤.液压技术与实训[M].北京:科学出版社,2011.

[7] 杜巧连.液压与气动技术[M].北京:科学出版社,2009.

[8] 李超,郭晋荣,闫嘉琪.液压与气动技术[M].北京:高等教育出版社,2014.

[9] 谢亚青,郝春玲.液压与气动技术[M].上海:复旦大学出版社,2011.

[10] 徐文琴.液压与气动技术[M].北京:机械工业出版社,2014.